과학특성화중학교

❶ 무지개가 끊어진 곳에서 시작된 첫 번째 비밀

과학특성화중학교

❶무지개가 끊어진 곳에서 시작된 첫 번째 비밀

초판 1쇄 펴냄 2022년 6월 2일
　　6쇄 펴냄 2024년 11월 11일

지은이 닥터베르
그린이 리페
시리즈 기획 이윤원 김주희

펴낸이 고영은 박미숙
펴낸곳 뜨인돌출판(주) | 출판등록 1994.10.11.(제406-251002011000185호)
주소 10881 경기도 파주시 회동길 337-9
홈페이지 www.ddstone.com | 블로그 blog.naver.com/ddstone1994
페이스북 www.facebook.com/ddstone1994 | 인스타그램 @ddstone_books
대표전화 02-337-5252 | 팩스 031-947-5868

ⓒ 2022 닥터베르

ISBN 978-89-5807-902-6 04400
　　978-89-5807-901-9 (세트)

과학특성화 중학교

닥터베르 지음 | 리페 그림

❶ 무지개가 끊어진 곳에서 시작된 첫 번째 비밀

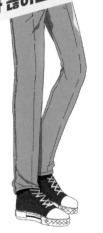

뜨인돌

✦✦ 캐릭터 소개 ✦✦

주나기

과학을 사랑하는 공상가 소년. 흥미로운 걸 발견하면 몇 시간이고 관찰하거나 생각에 잠기는 습관이 있다.

방리나

발레가 인생의 전부인 발레 소녀. 유명한 발레리나였던 백화란 선생을 쫓아 과학특성화중학교에 입학했다.

피지수	연금슬	권지오
탈중학생급 덩치와 키를 가진 근육맨. 초등학교 시절부터 나기의 단짝 친구다.	만화와 소설을 좋아하는 문학 소녀. 글을 쓰고 싶지만 안정된 길을 찾아 과학특성화중학교에 입학했다.	아재 개그를 좋아하는 농촌 소년. 과학을 사랑하지만 귀신은 무서워한다.

이인자

과학특성화중학교 수석
입학생. 나기가 나타나기
전까지 '영재' '천재' 수식
어를 독차지했다.

공위성

과학 교사. 가만히 서 있
기만 해도 학생들을 긴장
하게 만든다. '걸어 다니
는 백과사전'으로 불린다.

백화란

체육 교사. 수년 전까지 세
계적인 발레리나로 활약
했다.

천상천

과학특성화중학교 교장
이자 천하전자 회장.

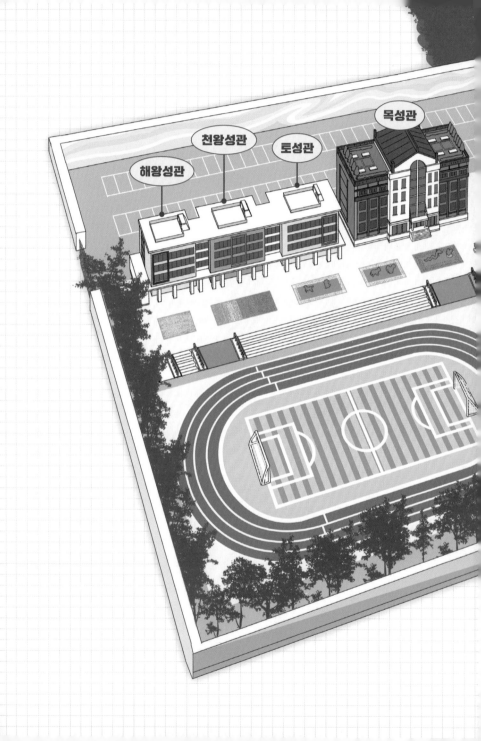

첫 만남

오늘은 과학특성화중학교의 첫 입학식이 있는 날이다.

기초 과학 발전에 기여하는 창의적인 영재를 배출하겠다는 일념으로 세워진 이 학교는 개교 전부터 수많은 뉴스를 몰고 다녔다. 과학특성화중학교는 대한민국 대표 대기업인 천하전자에서 세운 사립 중학교로, 100% 기숙사 제도에 학비는 전액 무료였다. 기숙사를 포함한 건물만 8개 동에 부지 규모는 어지간한 시립 대학보다 컸지만 신입생 모집 규모는 고작 150명이었다. 이곳에서 어떤 학생들이 어떤 교육을 받고 어떤 결과를 낼 것인가, 세간의 관심이 쏟아지는 가운데 입학식엔 몇몇 기자들도 나와 있었다.

"9시부터 입학식인 줄 알았더니 10시 30분이라고? 그러니 사람이 없지!"

교문 근처에 서 있던 기자가 탄식했다. 현재 시각은 8시 20분. 근처에 마땅한 카페도 없는 이곳에서 어림잡아도 한 시간은 허탕을 칠 상황이었다.

"너 아침부터 사람 똥개 훈련시킬 거야?"

"죄송합니다."

PD가 사과했다. 아무래도 기자보다 후임인 듯한 그는 안절부절못하며 이 상황에서 조금이라도 빨리 벗어나려는 듯 주변을 두리번거렸다. 그러자 그의 눈에 교복을 입고 길가에 쪼그려 앉아 있는 한 학생이 눈에 띄었다.

"어? 저기 앉아 있는 아이, 여기 학생 아닐까요?"

왜소한 체구의 더벅머리 소년이 교문에서 그리 멀지 않은 길가에 앉아 바닥을 멍하니 내려다보고 있었다. 소년이 바라보는 곳엔 수백 마리의 개미들이 지렁이 사체를 옮기기 위해 안간힘을 쓰고 있었다.

'생명은 참 신비롭다.'

이 소년의 이름은 주나기. 오늘 과학특성화중학교에 입학하는 신입생이다. 멀쩡히 길을 가다가도 뭔가 신기한 게 있으면 한 시간이고 두 시간이고 홀린 듯 지켜보는 습관 때문에 꼭두새벽에 집을 나섰지만, 이 개미들의 고군분투는 도저히 지나칠 수 없는 광경이었다.

처음엔 고작 십여 마리였는데 지금은 수백 마리가 모여 있었다. 어떤 개미들은 지렁이를 직접 물고 있었고, 어떤 개미들은 줄다리기하듯 앞선 개미를 당기고 있었다. 그러자 조금씩 조금씩, 지렁이는 개미들이 원하는 방향으로 이동했다.

개미가 바라본 지렁이는 어떤 모습일까? 앞으로 얼마나 많은 개미가 이곳으로 더 몰려올까? 이 개미들의 집은 어디일까? 그곳엔 몇 개의 방과 몇 개의 개미알이 있을까? 그곳의 여왕개미는 몇 살이고, 처음엔 어떤 결혼비행을 했을까? 개미를 관찰하는 동안 나기의 머릿속엔 여러 의문과 상상 속 답이 끝없이 이어졌다.

"혹시 오늘 입학할 신입생인가요? 잠깐 인터뷰 괜찮을까요?"

기자가 물었지만 나기의 귀엔 들리지 않았다.

"저기요, 학생?"

개미의 모습이 기자의 그림자에 가려 잘 보이지 않자, 나기는 그림자의 실체를 찾기 위해 고개를 돌렸다가 바로 옆에 서 있는 기자의 모습에 화들짝 놀랐다.

"?!"

"지금 뭘 보고 있나요?"

"…개미요."

"왜 개미를 보는 거예요?"

"…신기해서요."

"어떤 게 신기한가요?"

"…개미요."

모처럼 찾은 인터뷰 상대건만, 나기의 답변에 PD와 기자는 실망감을 감추지 못했다. 두 사람은 잠깐 눈짓으로 자리를 피할까 고민하다가 한 번 더 희망을 걸어 보기로 했다.

"그럼 혹시 이 개미가 무슨 개미인지도 아나요?"

"이건 불개미아과 왕개미속 일본왕개미입니다. 학명은 캄포노투스 재포니쿠스(Camponotus japonicus). 곰개미와 더불어 우리나라에서 가장 흔하게 볼 수 있는 개미입니다. 곰개미와 비슷하게 생겼지만 몸집이 좀 더 크고 가슴이 삼각형인 게 특징이에요. 반면 곰개미는 가슴이 호리병 모양에 가깝고 배에 줄무늬가 보입니다."

"일본왕개미는 또 어떤 특징이 있나요?"

"여기 보시면 일개미 가운데 유독 덩치가 큰 병정개미가 섞여 있지요? 병정개미를 가지고 있는 개미들은 많지만, 이렇게 채집 활동에 병정개미를 내보내는 개미는 드물어요. 일반적인 병정개미는 굴을 지키고 있다가 위기 상황에만 밖으로 나옵니다."

나기의 설명을 따라 카메라를 옮기며 카메라맨은 속으로 대박을 외쳤다. 어느 학생이 이 학생보다 과학특성화중학교의 이미지를 더 잘 표현할 수 있을까? 오늘 이 인터뷰만으로도 뉴스 영상은 충분히 뽑았다는 확신이 그의 머리를 스쳤다.

"개미와 진딧물의 공생 관계는 유명하지만, 일본왕개미는 담흑부전나비 애벌레와도 공생 관계를 맺습니다. 담흑부전나비 애벌레는 일본왕개미에게 단물을 제공하고, 일본왕개미는 적으로부터 담흑부전나비 애벌레를 지킵니다. 특이한 점은 일본왕개미가 변태 시기가 가까워진 애벌레를 굴로 데리고 가 보호해 준다는 것입니다. 이 시기에 담흑부전나비 애벌레는 일본왕개미에게 단물을 제공하지 못하지만, 일본왕개미들은 담흑부전나비 애벌레가 번데기가 된 뒤에도 성심성의껏 관리합니다."

곧 끝날 줄 알았던 나기의 설명은 수 분이 넘도록 끝날 기미를 보이지 않았다. 기자는 마무리 멘트를 하기 위해 나기에게 몇 번 눈치와 손짓으로 신호를 보냈지만, 전혀 아랑곳하지 않는 모습에 포기하고 말았다.

"인터뷰 감사합니다. 즐거운 학교 생활 보내세요."

"공생 관계라고 해도 이처럼 일방적으로 편의를 봐주는 경우는 많지 않습니다. 뿌리혹박테리아와 콩과 식물도 유명한 공생 관계지만, 뿌리혹박테리아가 질소 부산물을 제공하지 않으면 콩도 영양분 공급을 중단한다는 실험 결과는 유명합니다. 즉, 공생은 상부상조 정신을 기반으로 한 거래에 가깝다는 뜻입니다. 근거가 되는 실험은 이 밖에도 많이 있습니다."

세 사람이 도망치듯 멀어지고 난 뒤에도 나기는 개미를 내려다보며 설명을 이어갔다. 마치 다큐멘터리의 내레이션처럼 나기의 설명은 꼬리의 꼬리를 물고 계속 이어졌다.

한참 후에야 나기는 만족한 듯 개미에게서 눈을 떼고 하던 말을 멈추었다.

"…입니다. 뭐야? 어디 갔어?"

나기는 '분명 누군가와 말하고 있었던 것 같은데…'라고 생각하며 무릎을 짚고 자리에서 일어났다. 오랜 시간 쪼그리고 앉아 있던 탓인지 무릎에서 '뚝' 하는 소리가 났다. 그리고 곧 시야가 거뭇해지는 느낌과 함께 현기증이 몰려왔다.

'이런, 또 너무 오래 앉아 있었구나.'

몸이 휘청거리는 순간 나기는 개미들이 있던 방향이 어딘지 애써 떠올리려 했다. 자신이 성큼 내딛는 한 발이 개미들에겐 큰 재앙이 될 테니까.

'탁!'

그때, 휘청거리는 나기의 몸을 누군가가 손을 뻗어 지탱했다.

"괜찮니?"

맑고 깨끗한 하이톤의 목소리가 들렸다. 어지러움이 가시니 검은 생머리 소녀의 얼굴이 점점 또렷하게 보였다. 그녀의 머리카락만큼이나 검고 선명한 눈동자는 상대를 묘하게 꿰뚫어 보는 듯한 힘이 있어 나기는 자신도 모르게 눈을 아래로 피했다.

"아, 네, 응."

"다행이네. 그럼."

나기가 자신의 이상한 대답을 부끄러워하는 사이, 소녀는 가볍게 눈인사를 하고는 교문을 향해 걸어갔다. 나기와 같은 디자인의 교복을 입고 걸어가는 소녀의 발걸음은 무척이나 바르고 다부진 느낌이었다.

나기는 자신도 모르게 소녀의 뒷모습을 눈으로 좇았다. 그것이 소녀의 강렬한 첫인상 때문인지, 아니면 조금 낯선 느낌이 드는 걸음걸이 때문인지는 알 수 없었다.

"나기야!"

바로 다음 순간, 두꺼운 팔이 뒤에서 불쑥 등장해 나기의 목과 어깨를 감듯이 덮었다.

"아, 지수야."

"또 어디서 멍 때리고 있나 했는데 무사히 왔구나?"

지수라고 불린 소년은 스포츠 머리에 나기보다 머리 하나는 더 큰 키와 다부진 덩치를 가지고 있었다. 까맣게 탄 피부와 장난기 넘치는 표정은 무척이나 활력이 넘쳤다. 나기는 자신의 어깨에 둘러져 있는 지수의 두터운 팔을 보며 어렸을 때 테마파크에서 비단뱀을 어깨에 올렸던 기억을 떠올렸다.

"멍하니 서서 뭘 보고 있어? 앞에 뭐 아무것도 없는데?"

나기가 바라보는 곳엔 보통 이름 모를 새나 벌레라도 한 마리 있기 마련인데 이번엔 딱히 눈에 띄는 것이 없었다. 시야에 들어오는 거라곤 과학특성화중학교의 세련된 교문, 교문과 건물을 잇는 길, 그리고 그 길 위를 걷고 있는 한 소녀의 뒷모습뿐이었다.

"아, 설마 쟤 보고 있던 거야?"

"아니, 아니야."

"표정을 보니까 맞는 것 같은데?"

당혹감에 귀까지 붉어진 나기를 보며 지수는 호탕한 웃음을 터트렸다. 그것은 비웃음이나 조롱보다는 아들의 성장을 기특해 하는 아버지의 웃음에 가까웠다.

"이야, 우리 나기가! 드디어 이성에 눈을 떴구나! 나기야, 나는 걱정했다. 네가 혹시나 파충류와 곤충에 둘러싸여 이대로 삶을 외롭게 마무리하는 건 아닐까 하고….

"아, 그런 거 아니라니까?"

"뭘 아니야? 뒤에서 보니까 둘이 아까 뭔가 말도 하던데. 이름은 들었어? 몇 반이래?"

"진짜 아니라고. 몰라."

나기가 지수의 팔에서 벗어나 성큼성큼 걸어가자 지수는 뒷걸음으로 나기보다 앞서 걸으며 계속해서 말을 걸었다.

"예쁘디? 어? 야, 말 좀 해 봐~"

입학식

한 시간 후, 입학식이 열리는 금성관 강당은 학부모와 학생들로 북적였다. 시계 바늘이 10시 30분을 가리키자 안내 방송이 나왔다.

"잠시 후 과학특성화중학교 제1회 입학식이 시작되겠습니다. 보호자 여러분은 객석으로 이동해 주시고, 학생들은 반별로 지정된 자리에 앉아 주십시오."

학생들은 단상 앞에 반별로 정렬된 의자에서 적당한 위치를 찾아 앉기 시작했다.

"이야, 또 같은 반이라니! 너랑 나는 진짜 운명이라니까?"

지수는 호들갑을 떨며 나기의 옆자리에 앉았다. 이 두 사람은 초등학교 1, 4, 5, 6학년 동안 같은 반이었다. 전체가 10반이었으니 대략적인 확률로 보면 1만분의 1의 인연이었고, 그것이 지수가 나기에게 친근감을 느끼는 이유의 거의 전부였다. 나기는 지수의 그런 친근감이 고마우면서 때론 이해가 되지 않았다.

"이번까지 치면 6만분의 1 아냐? 우린 진짜 운명이다."

"하하, 이렇게 된 거 도원결의라도 할까?"

나기의 재치 있는 답변에 지수는 아리송한 표정을 지으며 되물었다.

"도원결의가 뭔데?"

"헐.『삼국지』안 봤어?"

"앞에만 좀 읽어 봤는데 내 취향은 아니더라고."

"제일 초반에 나오잖아. 한날한시에 같이 죽자고 하는…."

"뭐야 그게. 나랑 동반자살하자고?"

"아니거든?!"

"풋!!"

갑자기 뒤에서 터져 나온 웃음소리에 두 사람은 대화를 멈추고 뒤를 돌아봤다.

"으흠, 흠, 미안, 들으려고 들은 건 아닌데… 너무 재미있어서."

소녀는 머쓱하게 단발 머리를 쓸어 넘기며 목소리를 가다듬었다. 커다란 안경알 너머에 있는 동그란 눈이 다음 말을 찾아 바쁘게 움직이고 있었다.

"나는 연금슬이라고 해."

"나는 피지수."

"나는 주나기야."

"응! 만나서 반가워."

"어, 그래. 만나서 반갑다."

세 사람이 간단한 인사를 나누던 그때, 얼마 떨어지지 않은 자리에 검은 생머리 소녀가 자리에 앉는 모습이 지수의 눈에 들어왔다.

"야, 나기야, 쟤 아까 걔 아냐?"

지수의 시선을 따라간 나기의 눈이 소녀의 눈과 마주쳤다. 동 공과 홍채의 경계를 알기 힘들만큼 바둑돌같이 까맣고 맑은 눈 동자. 교문 앞에서 마주쳤던 그녀다. 나기는 황급히 단상 쪽으 로 시선을 돌렸다.

"쟤 맞지?"

"이, 입학식 시작한다!"

때마침 단상에 올라서는 사회자를 보고 나기는 열심히 손뼉 을 쳤다. 위기를 모면하려다 나온 돌발적인 행동이었지만, 주변 에 있던 학생들이 박수를 따라 한 덕분에 상황은 자연스럽게 넘어갔다.

"환영 감사합니다. 지금부터 과학특성화중학교 제1회 입학식 을 시작하겠습니다. 저는 사회를 맡은 체육 교사 백화란입니다.

모두 만나서 반갑습니다."

곧고 길게 뻗은 목과 작은 두상, 연예인을 연상시키는 미모를 가진 백화란 선생은 평범한 바지 정장 차림을 하고 있었지만 맵시가 남달랐다. 비율로 보나 자세로 보나 어지간한 쇼핑몰 모델도 명함을 내밀기 힘든 자태였다. 미모의 체육 교사가 등장하자 남학생들을 중심으로 진심 어린 환호성이 터져 나왔다. 분위기가 진정된 후, 국민의례를 비롯한 몇몇 절차가 지나갔다.

"곧이어 신입생 대표의 선서가 있겠습니다. 신입생 대표 이인자 학생은 단상 위로 올라와 주십시오."

"풋."

자리에 멍하니 앉아 있던 지수가 작게 웃음을 터트렸다.

"이인자… 이름이 2인자."

손가락으로 숫자 2를 만들며 웃음을 참지 못해 어깨를 들썩거리는 지수를 보고 나기는 한숨을 쉬었다. 초등학생도 아니고 사람 이름으로 농담이라니.

바로 다음 순간, 오싹한 시선과 함께 나기 옆으로 한 학생이 스쳐 지나갔다. 신입생 대표는 두 사람과 얼마 떨어지지 않은 곳에 앉아 있었던 모양이었다.

"야, 들렸잖아. 그만해."

나기가 팔꿈치로 지수의 옆구리를 쿡 찌르자, 그제야 상황을 파악한 지수가 머쓱한 듯 코를 문지르며 자세를 고쳐 앉았다.

"선서. 저희 신입생 일동은 재학 중 학칙을 지키고 학업에 충실하며, 대한민국의 과학 발전을 위한 창의적 인재로 거듭날 수 있도록 최선을 다하겠습니다. 20XX년 3월 2일 신입생 대표 이. 인. 자."

큰 키에 마른 체구, 곱슬머리에 무테안경을 쓴 인자는 선서문을 또박또박 읽은 뒤 격식 있는 동작으로 단상에서 내려왔다. 그의 목소리나 외모는 나이에 맞지 않게 완고하고 차가운 인상이어서 조금은 신경질적으로 보이기도 했다.

'째릿.'

인자는 자리로 돌아가면서 차가운 눈빛으로 나기를 노려봤다. 농담을 한 건 지수인데, 왜 자신을 노려보는 것일까, 혹시 아까 지수가 한 말을 자신이 한 것으로 오해한 것은 아닐까 하는 생각에 나기는 불안감과 억울함을 느꼈다.

입학식은 곧 마무리 단계로 접어들었다.

"마지막으로 천상천 교장 선생님의 훈화가 있겠습니다."

"아, 신입생 여러분 반갑습니다. 본교의 교장을 맡고 있는 천상천입니다."

단상에 선 중년의 남자는 다부진 체격과 주름 없는 얼굴을 가지고 있었다. 위로 부드럽게 넘겨 올린 반백의 머리가 아니었다면 40대라고 해도 믿을 만한 외모였지만, 그의 나이는 올해로 58세. 내일 모레면 환갑인 나이였다.

"과학특성화중학교는 제 아버지 천지창 회장님의 오랜 꿈이었습니다. 아버지가 작고하신 지도 벌써 10년이 넘었지만, 늦게나마 그 소망을 이뤄드린 것 같아 무척이나 뿌듯합니다."

천상천 교장이 이야기를 이어가는 동안 사방에서 카메라 셔터 소리와 플래시 불빛이 바쁘게 이어졌다. 개교 후 첫 입학식인 만큼 학교가 설립된 배경이나 과정에 대한 이야기가 10여 분 정도 이어졌다.

"이 학교엔 수성관에 있는 수영장, 금성관에 있는 체력단련실, 목성관에 있는 도서관 외에도 여러분을 위한 다양한 시설과 몇 가지 비밀이 있습니다. 즐겁고 유익한 학교 생활을 보내시길 바라며, 학교의 비밀에 흥미가 있는 학생은 무지개가 끊어진 곳에서 길을 찾으세요."

"이상으로 입학식을 마치겠습니다. 학생 여러분은 점심 식사를 마치고 오후 4시까지 기숙사에 입실하시길 바랍니다."

입학식이 끝났다는 멘트와 함께 몇몇 학생은 기지개를 켰고 몇몇 학생은 미련 없이 자리에서 일어났지만 나기는 교장 선생의 마지막 말을 곱씹고 있었다.

'무지개가 끊어진 곳에서 길을 찾으라고? 무슨 말이지?'

비밀, 무지개, 끊어진 곳. 몇 개의 키워드가 나기의 머릿속에서 빠르게 조합되기 시작했다.

"야, 밥 먹으러 가자. 배고프다."

지수가 생각에 잠긴 나기를 번쩍 일으켜 세웠다. 나기는 지수가 이끄는 대로 걸음을 옮기면서도 생각을 계속했다.

무지개가 끊어진 곳

무지개. 하늘에 떠 있는 물방울이 프리즘 같은 효과를 일으켜 만들어지는 호 모양의 무늬. 일곱 가지 색으로 이루어져 있다고 하지만 실제로는 가시광선의 모든 색상이 나타나고, 문화권에 따라 3색이나 5색으로 부르는 곳도 있다.

무지개가 끊어진 곳은 무엇을 말하는 걸까? 무지개가 시작되는 곳은 동화책에서 자주 등장하지만, 무지개가 끊어진 곳은 들어 본 적이 없다. 애초에 땅에서 올려다보는 무지개는 호 모양이라 시작점과 끝이 있을 것 같지만, 이는 원의 일부분일 뿐이다. 실제로 비행기나 매우 높은 장소에서 무지개를 보면 원 모양임을 알 수 있다.

인공적인 무지개라면 어떨까? 분수대나 스프링클러가 있는 곳이라면 어느 정도 일정한 시간에 무지개를 반복적으로 관찰

할 수 있을 것이다. 그곳에 어떤 장애물이 있어서 무지개를 가리고 있다면, 그곳이 무지개가 끊어진 곳 아닐까?

"분수대."

결론에 도달한 나기가 나지막이 읊조리며 정신을 차렸다.

"푸하하하하하!"

"거봐, 내가 이럴 거라고 했지?"

낯선 웃음소리와 함께 지수의 목소리가 들렸다. 그제서야 나기는 자신이 식당에서 밥을 먹는 중이었다는 걸 깨달았다.

"얘는 한번 생각에 빠지면 누가 업어 가도 몰라. 그래서 초등학교 때도 내가 이렇게 끌고 다녔어."

나기는 부끄러움에 얼굴을 붉혔지만 지수의 말을 부정할 수는 없었다. 이동 수업이나 행사 때 나기가 낙오되지 않도록 챙긴 건 늘 지수였기 때문이다. 나기가 멍하니 생각에 빠져 있으면 지수는 나기의 겨드랑이를 잡고 일으켜 세워 목적지로 걸어 갔다. 나기가 정신을 차렸을 땐 어느새 다음 목적지에 도착한 후였다. 처음엔 놀라서 화를 내기도 했지만, 지수와 친해지면서 점점 안심하고 몸을 맡기게 되었다. 그렇게 이 타율주행(?) 시스템은 날이 갈수록 정교해졌고, 이제는 밥을 먹거나 운동장을 뛰다가 정신을 차리는 경우까지 생겼다.

"무슨 생각을 그렇게 하고 있었어? 아, 난 지오야. 권지오."

"난 연금슬. 아까 인사했지?"

나기의 맞은편엔 두 사람이 함께 앉아 밥을 먹고 있었다. 1명은 호리호리하고 세련된 인상의 지오였고, 다른 1명은 입학식에서 인사를 나눈 단발머리 소녀 금슬이었다. 지오는 사각 금테 안경에 깔끔하게 정돈된 가르마 머리를 하고 있어 또래보다 조금 더 어른스러워 보였다. 장난기 없으면서도 여유로워 보이는 인상이 그런 느낌을 더 강하게 들게 했다.

"…무지개가 끊어진 곳에 대해 생각하고 있었어."

"무지개? 아까 교장 선생님이 말씀하신 그거?"

"응."

지오의 말에 나기는 고개를 끄덕였지만, 금슬과 지수는 '그런 말을 했나?' 하는 표정으로 서로 눈짓을 주고받았다.

"내 생각엔 학교에 분수대 같은 게 있어서 종종 무지개가 생기고, 그걸 가리고 있는 물건이 있을 것 같아."

"그래서 아까 분수대라고 했구나?"

"…응."

"그거 흥미롭네. 나도 그런 게 있는지 한번 살펴볼게."

나기는 자신의 이야기를 진지하게 들어 주는 지오의 반응에 무척이나 기뻤다.

네 사람이 점심을 먹고 있는 시각, 긴 생머리 소녀는 누군가를 찾아 교내를 달리고 있었다.

"백화란 선생님!"

백화란 선생은 자신을 부르는 목소리에 가던 길을 멈추고 뒤를 돌아봤다.

"국립발레단에 계셨던 백화란 선생님 맞으시죠?"

"…맞아요. 학생은 이름이?"

"방리나입니다!"

"방리나 학생, 무슨 일인가요?"

어디서부터 말을 꺼내야 할지 고민하는 동안 리나의 목이 메어 왔다. 리나가 입술을 깨물고 있는 시간 동안 백화란 선생은 리나의 모습을 찬찬히 훑어봤다. 오목하게 들어간 무릎, 단단하게 조여진 상체, 곧게 뻗은 목은 백화란 선생의 모습과 무척이나 비슷한 느낌이었다. 그것은 오랜 기간 발레를 익힌 사람들에게서 볼 수 있는 특징이었다.

"선생님…."

리나의 눈에서 눈물이 주룩 흘러내렸다. 리나는 지금 자신의 모습이 얼마나 어이없게 보일까 하는 생각에 실소가 나면서도 마음속으로 떠오르는 여러 생각에 눈물을 멈출 수가 없었다.

"무슨 일인지는 모르겠지만, 우리 들어가서 이야기할까요?"

백화란 선생은 리나를 상담실로 안내했다.

상담실에서 리나는 여러 가지 이야기를 했다. 어린 시절부터 발레리나를 꿈꿨던 일, 아버지의 사업 실패로 집안이 어려워진 일, 레슨비를 비롯한 비용을 감당할 수 없어 발레를 그만두었던 일, 그 와중에 과학특성화중학교 홍보 영상에서 백화란 선생의 모습을 보고 어쩌면 이곳에서 발레를 배울 수 있을지도 모른다는 생각에 공부에 몰두했던 일까지.

"저, 이곳에서 발레를 배울 수 있을까요?"

"…"

백화란 선생은 말을 삼켰다. 오랜 시간 자신의 인생을 발레에 바쳤던 그녀가 이곳에 있는 이유는 발레를 가르치는 일에 상처 받고 지쳐서였다. 그녀는 발레에 모든 것을 걸었지만 기대만큼 키가 자라지 않아서, 가슴이 너무 커져서, 목이 짧아서, 발등이나 무릎이 예쁘게 휘어지지 않아서 좌절한 아이들을 너무나 많이 알고 있었다. 그래서 떠났다. 아니, 도망쳤다. 자신이 해결해 줄 수 없는 문제로 아파하는 아이들로부터. 발레로부터. 그런데 이렇게나 금방 발레의 유령이 자신을 따라올 것이라고는 생각해 본 적이 없었다. 그저 운명의 신이 얄궂다는 생각 밖에 떠오르지 않았다.

"사정은 안타깝지만 나는 그저 평범한 체육 선생으로 이곳에 있는 거예요. 교과 과정에도 발레가 없기 때문에 발레에 필요한 물품도, 설비도, 장소도 없어요. 한 학생만 편애한다는 이야기를 듣는 것도 곤란하고요. 방리나 학생을 도와줄 다른 방법이 있는지 한번 알아볼게요."

백화란 선생은 자신이 생각해도 깜짝 놀랄만큼 냉정한 말투로 이야기를 쏟아내고는 자리를 피했다. 우선은 감정을 정리하고 생각할 시간이 필요했다. 한때의 충동이나 동정으로 성급하게 결정을 내릴 수는 없었다. 그게 어른이니까.

백화란 선생이 자리를 떠난 뒤에도 리나는 한동안 자리를 떠나지 못했다. 이곳에 합격했을 때만 해도 모든 일이 잘될 것 같고 새로운 길이 열릴 것 같았는데, 막상 백화란 선생과 만나고 나니 자신이 얼마나 엉뚱한 계획을 세웠던 건지 깨달았다. 이곳은 발레 학원도 아니고 예술중학교도 아니었다.

"…세수해야겠다."

리나는 책상에 놓여 있던 티슈로 눈가에 남은 울음기를 훔치고는 힘 없는 걸음으로 화장실로 향했다.

반장 선거

같은 시각, 나기 일행은 분수대를 찾아 교내를 돌아다니고 있었다.

"안 보이네. 그럴싸한 추리라고 생각했는데."

"스프링클러 같은 것도 안 보여."

점심 식사 후 가벼운 산책이라고 생각했던 교내 탐색이 어느덧 한 시간째. 네 사람이 생각한 것보다 학교 부지는 넓었고, 건물 사이에 숨은 샛길도 있었다. 길가엔 잘 가꿔진 화단과 생동감 넘치는 조각상, 현대 미술 작품 같은 것들이 놓여 있어서 다니는 내내 눈이 심심하지 않았다.

"얘들아, 이제 곧 기숙사 입실 시간이야. 슬슬 지구관 쪽으로 돌아갈까?"

지오의 말에 나기는 아쉬운 듯 입술을 삐죽였다. 호기심을 해결하지 못했다는 아쉬움과 믿었던 추리가 틀렸을지도 모른다는 생각이 나기의 발걸음을 무겁게 했다.

"우리 나중에 건물 안쪽도 한번 둘러보자."

'건물 안?'

지오의 한마디가 다시 나기의 사고 회로를 작동시켰다. 실내와 유리창과 프리즘으로 연결된 연상은 각 건물의 방향과 유리창 형태로까지 이어졌다.

"얘 또 로딩 걸렸네? 일단 이대로 돌아가자."

지수는 식당에 갈 때와 마찬가지로 나기의 겨드랑이를 붙잡고 지구관으로 향했다.

잠시 후, 네 사람은 지구관에 도착해 각자의 방 번호를 확인했다.

"어? 우리 같은 방이네?"

지오와 지수는 같은 방이었고, 나기와 금슬은 모르는 상대와 룸메이트가 되었다.

'205호, 여기구나.'

문 앞에 도착한 나기는 잠시 심호흡을 했다. 낯선 사람과의 첫인사는 언제나 긴장되고 두려운 일이었다. 앞으로 1년간 방을 함께 써야 할 상대라면 더더욱 그랬다.

'똑똑똑.'

나기는 노크 후 문을 열고 들어가 머릿속으로 몇 번이고 시뮬레이션한 인사말을 건넸다.

"안녕, 난 주나기야. 앞으로 잘 부탁해."

"어."

돌아온 대답은 한 글자뿐이었다. 이런 건 예상 못 했는데. 당황한 나기는 먼저 도착한 룸메이트의 눈치를 살폈다. 바가지 머리에 도수 높은 안경을 쓴 그는 나기보다도 체구가 작았다.

"넌 이름이 뭐야?"

"들어올 때 안 봤어?"

"공부만?"

"알면서 왜 물어봐?"

최악이다. 나기는 자신도 별로 사교적인 인간은 아니라고 생각했지만 이 아이는 차원이 다르다는 느낌이 들었다. 대화를 더 시도해야 할까, 아니면 무시하고 짐 정리나 해야 할까. 판단이 서지 않아 입구에서 어물쩡거리고 있자, 부만이 미간을 찌푸리며 말했다.

"밖이 시끄러우니까 문부터 닫아. 여긴 네 방이기도 하니까 앞으로 노크할 필요 없어. 너도 인싸 쪽은 아닌 것 같은데 우리 서로 그냥 신경 끄고 지내자."

"어… 뭐, 그래."

벌써 지수의 존재가 그리워지는 나기였다.

기숙사에서의 첫날 밤은 첫인상만큼 나쁘진 않았다. 계속 책을 읽거나 뭔가를 쓰고 있던 부만은 11시가 되자 안대와 귀마개를 하고 한마디 인사 없이 잠자리에 들었다. 그 시간 동안 나기는 학교에서 지급한 노트북으로 무지개에 대한 정보를 찾거나 교내 지도를 찾아봤다. 이곳엔 오늘 돌아본 부지 외에도 학교에서 좀 떨어진 곳에 온실과 텃밭이 있었다.

'온실이 비닐하우스 모양이라면 그곳이 무지개를 뜻하는 것일지도 몰라. 내일은 그쪽을 살펴보자.'

나기는 자리에 누웠다. 긴장감 때문에 잠이 오지 않는다고 느낀 것도 잠시, 나기는 곧 깊은 잠에 빠져들었다.

다음 날 아침, 나기는 1학년 3반 뒷문으로 들어갔다. 나기의 등장에 어수선하던 교실의 시선이 한순간 그에게 쏠렸다.

"아 뭐야, 개미맨 우리 반이었어?"

무리 중 누군가가 말했다. 한바탕 와자지껄한 웃음이 터지고, 몇몇 아이들이 스마트폰으로 영상을 찾아 옆자리 친구들에게 보여 주기 시작했다.

교실 이곳저곳에서 나기의 목소리가 흘러나왔다. 어제 저녁 문명방송 뉴스에 과학특성화중학교 입학식 소식이 나왔는데, 거기에는 나기가 개미를 보는 장면도 있었다.

"야, 이거 설정이지? 대본 주고 시킨 거지?"

"어어? 아닌데."

"우와, 아니래! 대박! 야, 사람들이 이거 보고 우리 학교 애들 다 이런 줄 알면 어떡하지? 막 개미 잡아 와서 무슨 개미인지 물어보는 거 아냐? 우리도 좀 알려 주세요! 개미맨!"

갑자기 몰려든 아이들로 인해 나기는 속이 메슥거렸다. 비웃음, 폄하… 이런 종류의 시선은 아무리 겪어도 익숙해지지 않았다. 가슴속 깊은 곳에서부터 구역질이 올라오려는 순간, 지수와 지오가 나기의 앞을 막아섰다.

"야, 뭔데? 우리 박사님한테 질문할 거 있으면 1명씩 손들고 물어봐."

널찍한 지수의 등이 나기의 시선 전체를 가렸다. 소위 말하는 모범생 타입의 아이들 가운데 지수의 갈색 피부와 떡 벌어진 어깨는 훨씬 더 위협적이고 도드라져 보였다.

"선생님 오신다!"

몰려들었던 아이들이 지수의 압박에 우물쭈물하고 있을 때, 마침 들려온 경보 방송으로 상황은 빠르게 정리되었다.

"안녕하세요. 1년간 이 반의 담임을 맡게 된 하유아라고 합니다. 담당 과목은 수학이에요. 과학의 언어는 수학이라는 말처럼, 수학은 과학에 있어 매우 중요한 과목이랍니다. 그리고 그 자체로도 무척이나 매력적인 과목이죠."

하유아 선생은 하나로 묶은 머리와 아이보리색 정장 차림으로 수수하면서도 단정한 느낌을 주는 사람이었다. 발이 편해 보이는 로퍼와 심플한 스마트워치가 실용성을 중시하는 그녀의 성품을 대변해 줬다.

"오늘은 첫날이니까, 반장 선거를 해야겠죠? 입후보할 사람?"

대체로 무관심한 분위기 속에서 몇몇 아이들이 빠르게 주변 분위기를 탐색했다. 제일 먼저 손을 든 건 입학식 때 신입생 대표 인사를 했던 이인자였다.

"음, 이인자. 또 다른 사람?"

썰렁한 분위기 속에서 떨리는 손 하나가 천천히 올라왔다. 손을 든 사람은 나기였다.

"저는… 피지수를 후보로 추천합니다."

최종 입후보자는 4명. 그중 단연 눈에 띄는 건 지수와 인자였다. 불과 얼음처럼 대비되는 두 학생의 카리스마에 다른 후보 학생들은 들러리로 보일 정도였다. 인자가 먼저 연설을 시작했다.

"저는 신입생 대표 이인자입니다. 제가 반장이 된다면 각종 필기와 공부 관련 팁들을 공유함으로써 3반을 과학특성화중학교의 1등 반으로 만들겠습니다. 감사합니다."

한 번도 말을 더듬지 않는 깔끔한 연설에 몇몇 여학생이 환호했다. 조금 날카로운 인상은 있지만 자세히 보면 꽤 미남이었다. 그리고 지수의 차례가 돌아왔다.

"안녕, 얘들아. 난 피지수야. 친구가 추천해 준 게 고마워서 나오긴 했는데, 사실 무슨 말을 해야 할지 잘 모르겠다. 그냥 모두 사이좋게 잘 지냈으면 좋겠고, 내가 반장이 되든 안 되든 내 도움이 필요한 일이 있으면 편하게 말해 줘."

개표 결과 인자가 11표로 반장, 지수가 9표로 부반장이 되었다. 예상 밖의 접전에 긴장했던 인자는 결과가 정해진 후에야 표정을 조금 누그러뜨렸다.

"이제부턴 특별활동부를 정할 거예요. 기본적으로 다양한 특별활동부가 있지만, 여러분이 원한다면 새로운 부를 만들 수도 있어요. 새로운 부를 만들고 싶은 사람은 부원 5명을 모아 신청서를 내도록 하세요. 현재 예정된 특별활동부 목록은 프린트를 참고하세요."

하유아 선생이 나눠 준 프린트엔 과학 실험부, 천체 관측부, 수학 퍼즐부 등 공부와 관련된 것 외에도 골프부, 농구부, 탁구부 등의 운동계 활동과 미술부, 음악 감상부, 영화 감상부 등의 예술계 활동이 골고루 적혀 있었다.

"특별활동부 신청은 다음 주 이 시간까지니 충분히 고민해 보고 결정하도록 하세요. 오늘 조회는 여기까지. 이상!"

"차렷! 경례!"

인자가 능숙한 타이밍에 일어나 구령을 외치자 아이들 사이에서 '감사합니다' '수고하셨습니다' '안녕히 가세요' 등의 인사가 중구난방으로 튀어나왔다.

눈치 게임

쉬는 시간, 아이들은 삼삼오오 모여 특별활동에 대한 이야기를 나누고 있었다. 그건 나기 일행 또한 마찬가지였다.

"어디로 갈지 정했어?"

지수가 나기에게 물었다.

"아니. 넌?"

"난 새로운 부를 만들까 생각 중이야."

"어떤 부?"

"헬스부."

지수는 오른팔을 들어 이두박근이 강조되는 자세를 해 보이며 말했다.

"건강을 생각하면 헬스보단 등산이지. 마침 저기 좋은 산도 있잖아."

"나는 만화 연구부가 있었으면 좋겠어."

지오와 금슬이 뒤이어 말했다.

"새로운 부를 만드는 게 그렇게 쉽진 않을걸?"

나기의 말에 세 사람이 모두 고개를 갸웃했다.

"왜? 5명만 모으면 되는데?"

"지금 전교생이 150명뿐인데 특별활동부 목록만 20개가 넘잖
아. 최소 정원이 5명이고 최대 정원이 30명인데, 새로운 부에 들
어갈 사람이 얼마나 될까? 2, 3학년이 생긴 뒤라면 몰라도."

듣고 보니 그럴싸한 분석이었다. 나기의 말에 고민하던 지수
는 한 가지 묘책을 내놓았다.

"그럼 우리끼리 몰아주기를 하는 건 어때? 승부를 가려서 이
긴 사람이 만든 부로 모두 들어가는 거야. 이미 4명이니까, 1명
만 어디서 구하면 되잖아."

"오, 괜찮은데? 그럼 승부는 어떤 걸로?"

지오가 지수의 의견에 동조했다.

"팔씨름."

"에라이."

'딱!'

지수가 책상 위에서 팔씨름 자세를 취하는 순간, 옆에 있던
금슬이 지수의 머리를 쥐어 박았다. 타이밍이 너무 절묘해서 그

순간엔 아무도 이상함을 느끼지 못했지만, 두 사람은 어제 처음 만난 사이였다.

"앗, 미안. 나도 모르게 손이 나갔네. 하하."

"아니야. 완벽한 리액션이었어. 팔씨름이 싫다면 다수결로 가자. 어때?"

지수는 확신에 찬 눈빛으로 나기를 바라봤다. 어차피 나기는 특별활동에 크게 미련이 없는 타입이니 다수결이 시작되면 지수의 손을 들어 줄 게 확실했다. 하지만 침묵을 지키고 있던 나기는 의외의 답변을 했다.

"난 미스터리 탐구부를 만들고 싶어."

"엥?"

"나는 이 학교에 있다는 비밀을 밝힐 거야. 지수 말대로 투표는 어때? 자기 자신에게는 투표하지 않는 조건으로."

2:1:1의 대결이라고 생각했는데 갑자기 1:1:1:1 상황이 되자 지수는 당황하지 않을 수 없었다. 그때, 옆에서 네 사람의 대화를 듣고 있던 리나가 손을 들고 다가왔다.

"저기, 그 계획, 나도 끼면 안 될까?"

갑작스러운 리나의 등장에 네 사람은 놀란 표정으로 쳐다봤다. 리나는 부끄러운 듯 옆머리를 귀 뒤로 쓸어 넘기며 고개를 살짝 숙이고 말했다.

"난 발레부를 만들고 싶어."

방과 후, 다섯 사람은 투표를 위해 빈 교실에 모였다. 투표 방식은 이름과 희망하는 부를 적되 자신에게는 투표할 수 없으며, 투표 전에 각자 1분씩 자신이 만들고자 하는 부를 어필할 시간을 가지기로 했다.

"건강한 육체에 건강한 정신이 깃든다. 얼굴은 타고 나지만 근육은 후천적인 것! 우리 모두 열심히 운동해서 3대 500kg* 들 수 있는 몸짱이 됩시다. 다이어트에도 최고! 헬스부에 투표해 주세요!"

"여러분, 우리 학교 뒷산을 자세히 보신 적이 있나요? 해발 500m, 왕복 8km의 등산로는 특활 시간 동안 다니기에 최적의 조건이라고 생각합니다. 우리 모두 등산합시다!"

"여러분, 만화 좋아하시나요? 직접 만화를 그려 보고 싶었던 적은 없나요? 만약 만화 연구부가 생긴다면, 제가 모은 만화 2000권을 부실에 기증하겠습니다!"

세 사람은 발표를 마친 뒤 자신만만한 표정으로 자리로 돌아갔다. 다들 자신에게 투표할 것이란 확신에 차 있었다. 다음은

---

* 웨이트 트레이닝의 대표 종목인 스쿼트, 벤치프레스, 데드리프트를 각각 한 번씩 들어올릴 수 있는 최대 무게를 합한 수치. 헬스 마니아들 사이에서는 꿈의 무게라고 불린다.

나기 차례였다.

"여러분, 이 학교엔 숨겨진 비밀이 있습니다. 무지개가 끊어진 곳에서 길을 찾으라는 교장 선생님의 이야기를 기억하시나요? 비록 분수대는 찾지 못했지만, 저는 이 학교 어딘가에 있을 무지개를 찾고 싶습니다. 여러분도 미스터리 탐구부가 되어 저와 함께 학교의 비밀을 풀어 주세요. 감사합니다."

마지막은 리나의 순서였다. 리나는 크게 한번 심호흡하고 음악이 재생되는 스마트폰을 교탁 위에 올려놓았다. 리나는 자신에게 말재주가 없다는 걸 잘 알았다. 그러니 지금 이 순간 자신이 할 수 있는 방식으로 최선을 다하는 수밖에 없었다.

30초 정도의 짧은 시간 동안 리나는 뛰어오르기도 하고 제자리에서 돌기도 했다. 교복 치마 대신 입은 레깅스 치마가 리나의 동작을 따라 역동적으로 흔들렸다. 짧은 음악이 끝나는 순간, 리나는 오른손을 우아하게 내밀며 말했다.

"발레, 배워 보지 않을래요?"

리나의 진심 어린 노력에도 주변의 반응은 시큰둥했다.

"아니, 저건 특활로 배워서 할 수 있는 수준이 아닌 것 같은데…."

"그러게. 게다가 발레면 그거잖아? 쫄쫄이 입고."

지오와 지수의 대화에 리나는 금세 풀 죽은 표정이 되었다.

드디어 개표 시간이 되었다. 금슬이 종이 상자에 담은 투표 용지를 1장씩 꺼내며 읽었다.

"방리나. 미스터리 탐구부."

"권지오. 미스터리 탐구부."

"연금슬. 발레부."

"피지수. 발레부."

"주나기. 발레부."

의외의 결과에 놀란 것은 리나뿐만이 아니었다. 가장 경악한 사람은 지수였다.

"발레부? 너희 미쳤어?!"

"응? 너도 발레부 썼잖아?"

지수의 반응에 나기가 되물었다.

"아니, 난, 미스터리 탐구부 쓰면 헬스부랑 2:2로 무효표 될까 봐 아무도 안 찍을 것 같은 발레 썼지! 나기 너 이 배신자…!"

"미안, 아니, 잠깐. 너도 나 안 찍었잖아?"

어찌 되었든 결과는 결과였다. 너무나 예상 밖의 결과에 리나는 눈물까지 났다.

"아이고, 얘 운다. 그렇게 좋아?"

"고마워. 정말 고마워, 금슬아."

"아니 뭐… 네가 하는 걸 보니 발레도 멋지구나 싶어서."

사실 금슬이 발레부에 투표하기로 결심한 건 지수와 지오가 쫄쫄이를 입은 모습을 볼 수 있을지도 모른다는 생각 때문이었지만, 그건 앞으로도 쭉 비밀로 삼기로 했다.

부원 5명을 모은 리나는 백화란 선생을 찾아갔다.

"선생님, 저희 발레부를 만들려고 해요. 고문이 되어 주시면 안 될까요?"

백화란 선생은 리나가 건넨 특별활동부 신청서를 읽었다. 신청서엔 5명의 반과 이름이 적혀 있었고, 선택 사항인 고문 선생님란은 비어 있었다.

"용케도 한 반에서 발레를 배울 5명을 모았구나. 이건 받아 주지 않을 수가 없겠네."

백화란 선생은 고문 선생님란에 자신의 이름을 적었다. 특별활동부가 개설되면 부실과 활동 시간, 활동비, 그리고 초기 물품까지도 보장된다. 그리고 특별활동 정도라면 자신이 걱정하는 문제들도 생기지 않을 것 같았다. 이 정도면 서로 괜찮은 타협점이 될 거였다.

나기 일행과 기숙사로 향하는 리나의 발걸음이 가벼웠다.

"고마워 모두. 특히 나기랑 금슬이."

"어어? 어?"

리나가 이름을 부르자 옆에 있던 나기가 화들짝 놀랐다.

"고맙다고."

"아, 응. 아니야."

"내가 아니었으면 미스터리 탐구부를 만들 수 있었을 텐데….
많이 아쉽겠다."

"괜찮아. 어차피 아직 힌트도 못 찾았고, 꼭 특활부를 만들어
야 찾을 수 있는 것도 아니니까."

"음… 도움이 될 진 모르겠지만, 나 학교에서 무지개 같은 걸
봤어."

"그게 정말이야?"

이상한 과학 수업

리나를 따라 도착한 곳은 기숙사 뒤편에 있는 산책로였다. 이곳은 리나가 입학식 날 백화란 선생과 헤어진 뒤, 퉁퉁 부은 눈을 식히기 위해 사람 없는 곳을 찾다가 발견한 곳이었다. 뒷산까지 이어진 흙길 산책로엔 붉은 통나무가 일정한 간격을 두고 가로로 박혀 있었다.

"이 길은 빨간색이지만, 점점 무지개색으로 변해서 보라색으로 끝나. 교장 선생님이 말한 무지개가 이거라는 확신은 없지만…."

리나의 말이 끝나기도 전에 나기는 계단을 향해 달려갔다.

"여기 있어! 무지개가 끊어진 곳!"

나기가 멈춘 곳엔 빨간색 통나무들 가운데 색칠되지 않은 통나무 하나가 박혀 있었다.

"이걸 어떻게 하지? 뽑아 볼까?"

지수가 팔을 걷어붙이며 다가왔다.

"일단은 근처에 단서가 될 만한 게 없는지 찾아보자."

나기의 말에 모두가 흩어져 주변을 찾기 시작했다. 그리고 얼마 떨어지지 않은 곳에서 지오가 외쳤다.

"나기야, 그런 통나무가 여기도 있는데?"

나기는 그럴 리가 없다고 생각했지만 색칠되지 않은 통나무는 또 있었다. 그리고 그다음에도, 그다음에도. 5명은 일단 산책로 끝까지 가며 상황을 확인해 보기로 했다.

무지개 산책로엔 무려 30개의 색칠하지 않은 통나무가 있었다. 빨간색 3개, 주황색 1개, 노란색 4개, 연두색에서 초록색까지가 8개, 청록색 4개, 파란색 6개, 남색 2개, 보라색 2개였다.

'3, 1, 4, 8, 4, 6, 2, 2. 이 숫자들은 뭘 의미하는 걸까?'

나기는 노트에 적은 숫자를 뚫어지게 쳐다봤다. 일단 정리는 이렇게 해 놓았지만, 경계선의 색깔 때문에 보는 사람에 따라서 다른 숫자를 떠올릴 수도 있을 것 같았다. 청록색과 파란색을 한데 묶거나 연두색과 초록색을 따로 쪼갤 수도 있을 것이다. 그렇다면 각각의 숫자가 아니라 전체 개수가 중요한 것일까?

'30을 소인수 분해하면 2, 3, 5. 30 또는 2, 3, 5. 혹은 235가 의미하는 것은?'

나기는 그날 밤 늦게까지 고민했지만 마땅한 결론을 내리진 못했다.

다음 날 아침, 1교시는 과학 시간이었다.

"내 이름은 공위성이다. 나는 앞으로 1년간 여러분에게 과학을 가르칠 것이다."

공위성 선생은 큰 키에 부스스한 머리를 하고 도수 높은 안경을 끼고 있었다. 앞으로 약간 굽은 어깨와 거북목이 가뜩이나 마른 몸을 더 야위어 보이게 했다.

"…사실대로 말하자면, 나는 학생들에게 뭘 가르쳐 본 적이 없다. 중학교 1학년의 정식 교육 과정에 뭐가 있는지도 모른다. 그리고 앞으로도 알아볼 생각이 없다. 불만이 있는 사람은 나를 고용한 교장 선생님에게 따지거나, 수업 시간에 들어오지 않아도 좋다."

생전 처음 보는 타입의 선생이 등장하자 아이들 사이에선 긴장감이 흘렀다.

"일단 수업은 해야 하니, 아무 이야기나 해 주도록 하겠다. 질문이 있는 사람은 손을 들고 질문해도 되지만 가능한 인터넷 검색을 활용해라. 계속 찾아도 못 찾겠으면 머리가 나쁜 거니 과학을 전공할 생각은 접는 게 좋다. 그래도 정 미련이 남으면 그땐 나를 찾아오도록. 그럼 어디서부터 시작할까."

무슨 말을 할까 생각하다 고개를 돌린 공위성 선생은 순간 창문으로 들어온 햇살에 눈살을 찌푸렸다.

"…오늘은 태양에 대해 이야기하지."

최악의 첫인상으로 수업을 시작한 공위성 선생이었지만, 그가 하는 이야기는 점차 반의 모두를 사로잡았다. 음력을 사용한 메소포타미아 문명과 양력을 사용한 이집트 문명의 비교로 시작한 이야기는 금세 적위와 적경, 일식과 월식에 대한 이야기로 이어졌다. 해시계에 대한 이야기 다음엔 태양열 발전과 태양광 발전에 관한 이야기가 나왔고, 다시 시간을 거슬러 올라가 조선 시대의 천체 관측에 대한 이야기로 흘러갔다.

"그렇다면 이 태양은 무엇으로 이루어져 있을까? 태양의 약 4분의 3은 수소로 되어 있고, 나머지는 대부분 헬륨으로 되어 있다. 태양의 핵에서 수소가 헬륨으로 변하는 핵융합이 계속되고 있으니, 시간이 지날수록 수소는 줄어들고 헬륨은 늘어나다가 언젠가 그 수명을 다할 것이다. 그렇다고 너무 걱정할 필요는 없다. 앞으로 5억 년 정도는 지금과 비슷한 상태를 유지할 테니까. 수소와 헬륨 외에 태양을 이루고 있는 물질로 니켈, 산소, 황, 탄소 등이 있다. 이런 정보는 어떻게 얻을 수 있을까?"

갑작스러운 질문에 아이들은 모두 침묵했다. 공위성 선생이 짧은 한숨을 내쉬고 다음 말을 이어가려는 순간, 인자가 손을 들고 말했다.

"스펙트럼 분석을 통해 알 수 있습니다."

"…정답이다. 적어도 이 반엔 쓸모 있는 학생이 하나는 있군. 모든 화학적 요소는 원자핵 주변을 도는 전자들의 불연속적인 에너지 준위에 따라 특정 파장의 빛을 흡수하거나 방출하는 성질을 가지고 있다. 저온의 기체에 빛을 비추면 특정 파장의 빛이 흡수되면서 기체의 종류에 따라 서로 다른 위치가 끊어진 흡수 스펙트럼을 얻을 수 있다. 고온의 기체가 들뜬 상태에서 바닥 상태로 내려올 땐 특정 파장의 빛을 방출하므로 바코드 같은 모양의 방출 스펙트럼을 얻을 수 있다. 흡수 스펙트럼과 방출 스펙트럼은 서로 정확히 반대 모양이다. 태양의 경우 표면 온도 약 6000K(캘빈, 절대 온도)의 흑체 복사와 유사한 빛을 방출하는데, 이 빛이 주변 기체에 흡수되어 적외선 영역부터 자외선 영역까지 약 1500개의 불규칙한 고랑

이 생긴다. 우리는 이로부터 태양의 구성 물질과 그 조성비까지 알 수 있다."

공위성 선생의 설명을 들으며 나기는 속으로 비명에 가까운 환호성을 질렀다. 무지개 산책로의 색칠 안 된 나무들은 어떤 원소의 흡수 스펙트럼을 의미하는 게 틀림없었다.

쉬는 시간이 되자 나기는 바로 스마트폰을 꺼내 흡수 스펙트럼을 검색했다.

"빨간색 3개, 주황색 1개, 노란색 4개…."

인터넷 검색으로 나온 자료 중에서 나기가 찾는 무늬와 정확하게 일치하는 스펙트럼은 없었다. 자료에 따라 같은 원소의 스펙트럼이 조금씩 다르기도 했다. 실제 기체의 스펙트럼 선은 매우 얇은 데다 다양한 강도의 선이 촘촘하게 나타나기 때문에, 삽화에 있는 이미지는 과장되게 보정한 것이라는 설명도 있었다. 그렇다면 지금 가지고 있는 정도의 힌트로는 정확한 원소를 찾을 수가 없었다. 나기는 통나무들의 위치를 좀 더 자세히 파악해 보기로 했다.

그날 저녁, 나기는 지수와 함께 산책로를 찾았다. 나기의 설명을 들은 지수는 어깨를 봉봉 돌리며 큰 목소리로 말했다.

"좋았어! 그럼 뭐부터 할까?"

"우선 색칠 안 된 나무가 몇 번째에 있는지 확인하면서 전체 나무가 몇 개인지도 세야 해. 가시광선 영역은 약 400nm(나노미터)부터 700nm까지니까, 전체 길이를 300nm로 치환해서 생각하면 각각이 의미하는 파장을 찾을 수 있을 거야."

"빨간색 쪽이 700nm지?"

"맞아. 보라색 쪽이 400nm고."

두 사람이 확인한 계단의 개수는 총 1500개였다.

"그럼 계단 한 칸이 0.2nm인 건가?"

지수가 나기에게 물었다.

"맞아. 2Å(옹스트롬)이라고 볼 수 있겠네."

"옹스트롬은 또 뭐야?"

"빛의 파장이나 원자 사이의 거리를 잴 때 쓰는 단위야. 1Å은 0.1nm야."

"꼭 그렇게 단위를 바꿔야 해? 너무 헷갈리는데."

"센티미터와 밀리미터 같은 거지 뭐. 센티미터를 더 자주 쓰긴 하지만, 밀리미터로 표시하는 게 더 편한 경우가 있잖아."

나기의 설명에 지수는 고개를 끄덕였다. 가끔 이상한 소리를 하긴 해도 나기는 무언가 설명하는 일을 잘했다.

690.8nm, 667.8nm, 650.6nm, 640.2nm, 638.2nm….

오늘 조사에서 나기가 얻은 숫자들이었다. 다음은 이 숫자들이 어떤 물질의 스펙트럼에서 나타나는지 찾을 차례였다.

'수소, 헬륨, 질소, 산소, 네온…'

나기는 생각나는 기체들의 이름에 '스펙트럼 파장' 'spectrum wavelengths' 등을 붙여 닥치는 대로 검색하기 시작했다. 한참 동안 노트북 화면에 몰두하고 있던 나기가 나지막이 읊조렸다.

"…찾았다."

수은과 네온. 두 원소의 스펙트럼을 합치면 나기가 원하는 모든 숫자가 들어가 있었다.

네온사인

다음 날 아침, 4명의 친구들이 모인 자리에서 나기는 당당하게 외쳤다.

"정답은 수은과 네온의 흡수 스펙트럼이었어!"

"와! 정말? 그걸 어떻게 알아냈어? 나기 대단하다!"

리나가 손뼉을 치며 감탄했다. 나기는 부끄러움에 뒷머리를 긁적이면서도 우쭐해지는 기분을 느꼈다.

"수은과… 네온. 그다음은?"

"그다음? …그러게. 그다음은… 뭘까?"

지오의 질문에 나기는 말문이 막혔다. 수은과 네온의 흡수 스펙트럼을 밝혀낸 게 너무 기쁜 나머지 이후의 일은 생각해 본 적이 없었다.

"수은의 원소 기호는 Hg, 네온은 Ne. 흐그, 네. 흐그네? 강철

이 일본어로 하가네(はがね)야. 강철로 된 무언가를 뜻하는 게
아닐까? 철봉이라거나…."

"우와, 금슬이 너 일본어도 할 줄 알아?"

"아니, 뭐, 잘하는 건 아닌데. 조금?"

금슬은 지오의 칭찬에 기분이 좋았지만 만화를 열심히 본 덕
분이라고 밝힐 수는 없었다.

"혹시 고래가 날아간다도 일본어로 할 수 있어?"

"어? 고래는 모르겠는데….."

"고래가 날아간다는 일본어로 고래가 난다요~"

"…."

금슬이 어이없다는 표정으로 지오를 쳐다보고 있을 때, 생각
에 잠겨 있던 나기가 말했다.

"만약 그렇다면 철의 흡수 스펙트럼을 넣었을 것 같아. 일본
어까지 이용한 퍼즐은 너무 멀리 간 거 아닐까? 수은과 네온.
수은은 수은등에 쓰고, 네온은 네온사인에 쓰지. 뭔가 조명이
랑 연관된 것 같은데…."

"아! 우리 전에 봤잖아! 네온사인!"

나기의 추리를 듣던 금슬이 눈을 반짝이며 소리쳤다.

점심시간에 다섯 사람은 금슬이 네온사인을 봤다고 하는 장

소에 모였다.

"짜잔! 어때? 내 말이 맞지?"

그 장소는 다름 아닌 수성관이었다. 수영장과 체력단련실이 있는 이 건물 입구엔 네온사인으로 된 '수성관'이란 글씨와 파란 원 모양의 간판이 달려 있었다. 나기도, 지수도, 지오도, 리나도 모두 이 길을 지나다녔지만 네온사인이 있다는 걸 기억하는 사람은 아무도 없었다. 지수가 금슬에게 말했다.

"와, 넌 어떻게 이런 걸 다 기억하냐?"

"나는 눈으로 보고 기억하는 거 하나는 잘하거든."

"그럼 한 번 본 책 같은 것도 다 기억해?"

"아니, 글자는 기억 안 나."

"아깝네."

"둘 다 안 되는 것보단 낫지."

"과연."

콩트 같은 네 사람의 대화를 가만히 듣고 있던 나기가 뭔가 깨달은 듯 감탄사를 내뱉었다.

"아."

"왜? 뭔가 생각났어?"

나기 옆에 서 있던 지오가 물었다.

"수은은 영어로 머큐리(mercury)잖아. 수성도 영어로 머큐리

(Mercury)니까, 어쩌면 수은과 네온은 이 간판을 말하는 게 아닐까?"

나기의 추리에 네 사람은 속으로 박수를 쳤다.

"어떻게 하지? 일단 뜯어?"

지수가 팔을 걷어붙이며 간판으로 향했다.

"워워, 일단 진정하고. 간판 주변을 좀 살펴보자."

지오는 지수를 말린 뒤 간판 주변을 두리번거렸다.

잠시 후.

"찾았다!"

의자 위에 올라가 간판을 살펴보던 지오가 소리쳤다.

"어디? 어디?"

지수가 제일 먼저 지오에게 달려왔다.

"여기 봐. '성' 글자 뒤에 있는 벽에 뭔가 적혀 있어."

지오가 의자에서 내려오자 지수가 그 자리에 올라섰다. 과연 지오가 말한 위치엔 작은 글씨로 문장이 쓰여 있었다. 간판에 가려진 데다 벽 색깔과 비슷한 색이라 자세히 보지 않으면 찾을 수 없는 글씨였다.

"…태양보다 큰 별의 죽음이 남긴 유산. 그 찬란한 반짝임?"

다섯 사람은 그렇게 두 번째 힌트를 손에 넣었다.

약속

발레부가 임시 부로 승인을 받았다. 임시 부들은 일주일 동안 신입 부원 모집 공고를 하고 일주일 뒤에도 5명 이상의 부원을 유지하면 정식 부로 인정받을 수 있었다. 나기와 리나는 게시판 몇 곳에 홍보 전단지를 붙이러 다녔다.

"휴우."

"왜? 무슨 걱정이라도 있어?"

"아니, 아니야."

리나의 한숨 소리에 나기가 물었지만, 리나는 속마음을 말할 수 없었다. 부원이 많아져서 백화란 선생의 관심이 분산되는 게 걱정이라는 이기적인 이야기를 누구와 할 수 있을까.

"신입 부원이 안 들어올까 봐 걱정되어서 그렇구나? 너무 걱정하지 마. 내가 학교 홈페이지에 올려 볼게. 발레 자료랑 같이 올리면 효과가 좋지 않을까?"

"아니! 안 해도 돼! 그러지 마."

파라라라락. 리나가 다급한 마음에 앞서 걸어가던 나기의 어깨를 붙잡자, 나기가 옆구리에 끼고 있던 전단지들이 쏟아져 바닥에 흩어졌다.

"미안!"

리나는 서둘러 바닥에 흩어진 전단지를 주워 담았다. 나기는 전단지를 함께 주우며 리나의 표정을 살폈다. 당혹, 갈등, 약간의 죄책감 같은 감정이 리나의 표정에서 나타났지만, 그 감정들이 어디서 온 것인지 나기는 이해하기 힘들었다.

'나는 역시 어딘가 잘못된 걸까.'

이런 생각이 들 때마다 나기는 무척이나 우울해졌다. 어릴 때부터 질리도록 '너는 다른 사람들의 감정을 이해 못 한다'라는 말을 듣고 심리학과 미세한 표정을 읽는 법까지 공부했지만, 그런 힌트를 가지고도 타인의 속마음을 파악하는 건 쉬운 일이 아니었다. 나기가 파악할 수 있는 건 원인과 결과 중 결과뿐이었다.

그런 생각에 잠겨 멍하니 전단지를 줍던 나기의 손에 문득 따듯하고 부드러운 감각이 타고 올라왔다. 얇아서 조금은 앙상한 느낌마저 들지만 동시에 매끈하고 촉촉한 느낌인 그것은 다름 아닌 전단지를 줍던 리나의 손이었다.

"아, 미안!"

나기는 화들짝 놀라 엉덩방아를 찧듯 뒤로 물러났다. 방금 손이 닿았던 시간이 얼마나 될까? 너무 길진 않았나? 많이 불쾌했을까?

"야, 다 주웠으면 비켜."

의문들에 대한 답을 얻기도 전에 낯선 목소리가 나기의 주의를 끌었다. 어정쩡한 자세로 올려다보자, 나기와 마찬가지로 홍보 전단지를 들고 있는 인자와 다른 두 사람이 서 있었다.

"어, 미안."

나기가 일어나 자리를 조금 옮기자 인자는 발레부 전단지 옆에 새로운 전단지를 붙였다.

올림피아드 준비부

지원 자격 : 초등학교 수학/과학 관련 전국 대회 입상자

관련 문의 : 1학년 3반 이인자

전단지를 붙인 인자는 여전히 어정쩡한 거리에 서 있는 나기를 보며 미간을 찌푸리고 말했다.

"야."

"어? 응?"

"…"

이어지는 침묵 속에서 나기는 인자의 표정에 쌓이고 있는 분노, 짜증, 망설임, 부끄러움을 감지했다. 인자의 표정을 읽은 나기의 기분은 무척이나 복잡했다. 입학식 때 인자가 들은 말은 자신이 아니라 지수가 한 거라고 해명하고 싶었지만 친구를 고자질하는 것 같아 내키지 않았다. 나기가 우물쭈물하는 사이, 인자는 한숨을 내쉬고 벽에 붙은 전단지를 향해 턱을 까닥이며 말했다.

"생각 있어?"

"어? 어디? 올림피아드 준비부?"

"그럼 발레부겠냐?"

인자는 자기가 생각해도 우습다는 듯 큭 하고 웃음을 삼켰다. 아무래도 인자는 나기가 줍던 전단지가 뭐였는지 보지 못한 모양이었다.

"어? 응, 고민해 볼게. 고마워."

대답을 들은 인자는 곧바로 나기를 지나쳐 복도를 성큼성큼 걸어갔다. 그 뒤로 몇몇 아이들이 인자를 따라가며 물었다.

"인자야, ○○대학 학력 경시도 돼?"

"□□대학 창의 정보 대회는?"

그 모습을 보는 리나에게 아까와는 다른 불안감이 엄습했다. 신입 부원은 제쳐 두고 만약 지금 있는 5명 중 누군가가 그만둔다면? 그땐 어떻게 되는 거지? 투표 결과라곤 해도 강제력이 있는 건 아니어서, 1~2명씩 빠지는 분위기가 되면 발레부가 공중분해되는 건 불 보듯 뻔한 일이었다. 리나의 생각에 그 시작점이 될 확률이 가장 높은 사람은 나기였다. 작은 키, 체육과 담쌓은 외모, 늘 생각에 잠겨 있는 표정. 아무리 봐도 나기에겐 발레부보다는 올림피아드 준비부가 어울렸다. 나기를 붙잡는 게 효율적일까, 아니면 새로운 부원을 찾는 게 효율적일까? 안전을 생각한다면 후자겠지만 그렇다고 발레부가 너무 커지는 것도 원하는 바는 아니었다. 일단은 나기에 대한 더 많은 정보가 필요했다.

"아까 올림피아드 준비부 전단지 봤어?"

"어? 응."

"전국 대회 입상자들만 받는다고 하던데, 너도 상 받았어?"

"어? 응."

리나는 나기가 대답할 때마다 '어?' 하고 한 번씩 되묻는 것이 신경 쓰였지만, 지금은 굳이 지적하지 않기로 했다.

"어떤 대회?"

"어? 전국 수학 학력 경시…."

"그거 엄청 큰 대회 같은데?"

"어? 뭐. 그냥 옛날 일이야."

"얼마나?"

"어? 초등학교 2학년 때….."

"좋은 상 탔어?"

"어… 뭐… 그럭저럭."

대화를 하면 할수록 리나는 점점 더 조급해졌다. 일단 대화가 매끄럽게 이어지는 느낌도 아니었지만, 대답을 들을수록 나기가 올림피아드 준비부로 갈 것 같다는 생각이 강하게 들었다. 이렇게 된 이상, 상황을 빠르게 정리해야 다음 계획을 세울 수 있을 것 같았다.

"넌… 올림피아드 준비부로 갈 거야?"

"아니."

이번엔 즉답이었다.

"왜?"

"어?"

나기와 리나는 복도에 멈춰선 채 서로를 한참 동안 바라봤다. 나기는 눈을 이리저리 굴리며 리나의 말을 곱씹어 보다가 여전히 이해가 안 된다는 표정으로 다시 물었다.

"왜냐니? 왜 올림피아드 준비부에 안 가냐고?"

"아까 반장한테 거기로 가는 길 생각해 보겠다고 했잖아."

"그건 바로 거절하면 말한 사람이 기분 나빠 하니까 예의상 한 말이지."

예의는 나기가 살면서 이해하기 가장 힘든 일 중 하나였다. 이번처럼 '전혀 관심 없는 일이라도 일단 생각해 보겠다고 답해야 한다' 같은 건 여전히 납득할 수 없었지만, 수많은 시행착오 끝에 그냥 그쪽이 편하다고 생각해 모방할 뿐이었다.

"그럼 발레부에 있을 거야?"

"응."

"왜?"

"이미 그렇게 약속했잖아?"

리나는 나기의 눈을 똑바로 바라봤다. 헝클어진 머리카락 사이로 보이는 눈은 생각보다 조금 날카로웠지만, 그 눈동자만은 너무나 순진무구하게 빛나고 있었다.

"그럼, 약속 꼭 지키기다?"

"어? 어."

리나는 나기에게 새끼손가락을 내밀었다. 나기는 잠시 머뭇거리다 손가락을 마주 걸었다. 마지막으로 이렇게 약속한 게 언제인지 기억조차 나지 않는 리나였지만, 그래도 마음은 한결 편해졌다.

"자, 그럼 마저 붙이러 가 볼까?"

리나가 앞장서서 걸어가는 동안 나기는 자기 손가락을 잡고 맥박을 확인했다.

'이 정도면… 그렇게 티가 나진 않았겠지?'

두근거리는 마음을 숨기고 싶은 나기의 의지와는 별개로 그의 얼굴은 귀까지 붉게 달아올라 있었다.

찬란한 반짝임

두 번째 과학 시간. 공위성 선생은 문을 열고 들어오면서 이야기를 시작했다.

"지난 시간에는 태양에 대해 이야기했다. 오늘은 그 이야기를 마저 해 보자. 태양은 앞으로 5억 년 정도 지금과 비슷한 상태를 유지할 것이라고 말했다. 그럼 그 이후엔 어떻게 될까? 태양은 중심부에서 일어나는 연쇄적인 수소 핵융합의 결과로 빛나고 있다. 시간이 지날수록 조금씩 밝아지고, 뜨거워진다. 그 결과 10억 년 안에 지구는 생명체가 살 수 없을 만큼 뜨거워질 것이고, 50억 년 후 지구의 평균 온도는 500℃를 넘어설 것이다. 시간이 흐르며 태양 중심부의 수소는 점차 고갈될 것이고, 핵의 바깥 부분에서 핵융합이 일어나 별의 껍데기를 팽창시킬 것이다. 그렇게 팽창이 계속되면 100억 년쯤 후에 태양은 지금 밝기의 2배 정도인 준거성이 되고, 곧 더 거대한 적색거성으로 변한다. 그쯤 되면 지구는 팽창된 태양에게 삼켜지겠지만 어차피 그때까지 지구에 남아 있는 생명체 따윈 없을 테니 뭐 그리 대단한 일은 아닐 것이다."

공위성 선생이 한 박자 말을 쉬는 순간, 몇몇 아이들이 '꿀꺽' 하고 침을 삼켰다.

"태양이 팽창하는 동안에도, 태양의 중심부는 수축하면서 온도와 밀도가 상승한다. 핵융합을 일으키던 수소가 고갈되면서 중력 붕괴에 저항하는 힘이 사라졌기 때문이다. 수축이 계속되어 온도와 밀도가 상승하면 그때부턴 남아 있던 헬륨이 결합해서 불안정한 베릴륨을 만들고, 이 베릴륨이 다른 헬륨과 결합해 탄소나 산소를 만드는 헬륨 핵융합이 시작된다. 이 헬륨마저 고갈되면 태양의 핵은 막대한 양의 질량을 태양풍으로 방출하고 죽음을 맞이한다. 이 태양풍은 팽창해 있던 태양의 표면층을 더 넓은 영역으로 퍼트리는데, 이렇게 된 상태를 '행성상 성운'이라고 한다. 행성상 성운은 몇만 년 정도 핵의 주변을 떠돌다 이윽고 우주 곳곳으로 퍼져 나갈 것이고, 남겨진 핵은 그대로 수백억 년 동안 서서히 식어 갈 것이다. 이렇게 더 이상의 핵융합 없이 붕괴 과정에서 남은 열로 빛나는 별을 '백색 왜성'이라고 한다."

공위성 선생은 양손을 주머니에 꽂은 채 아이들 사이를 느릿
느릿 걸으며 말을 이어갔다. 마치 무언가를 보고 읽는 것처럼,
그의 말엔 막힘도 망설임도 없었다.

"태양과 비슷한 크기, 정확히는 1.44배 정도인 별까지는 대부
분 이런 과정을 거친다. 이것을 '찬드라세카르 한계'라고 한다.
인도 출신의 물리학자 찬드라세카르는 이보다 더 큰 별은 붕괴
를 계속해 중성자별이나 블랙홀로 변한다는 이론을 1930년에
발표했지만, 당시엔 이를 관측하거나 증명할 수단이 없었기 때
문에 1983년이 되어서야 노벨 과학상을 받게 된다. 그럼, 더 큰
별들의 최후는 어떤 모습일까?"

공위성 선생의 말에 나기는 귀를 쫑긋 세우고 집중했다. 그의
이야기는 두 번째 힌트를 풀 중요한 열쇠가 될 것 같았다.

"태양보다 몇 배 이상 큰 별은 적색거성보다 큰 초거성으로
팽창한다. 이때 항성의 핵은 고온과 고압으로 더 수축해서 헬
륨보다 무거운 원소들로 핵융합을 시작한다. 탄소나 산소를 넘
어 네온이나 규소 핵융합을 일으킬 수 있고, 그 결과 최종적으
로 만들어지는 것은 철이다. 철은 원자핵적으로 매우 안정된
상태여서 대부분의 핵융합은 여기서 멈춘다. 더이상 핵융합을
할 수 없게 된 별은 중력에 의해 급격히 붕괴하고, 이때 많은 질
량과 에너지가 폭발적으로 방출된다. 이 폭발은 너무나도 강력

해서 보통의 은하계 전체가 내는 빛과 맞먹는 빛을 수주 동안 방출하며 철보다 무거운 원소까지도 핵융합으로 만들어 낸다. 이 현상을 초신성, 영어로 슈퍼노바(supernova)라고 한다."

공위성 선생이 묵직한 저음의 목소리로 말하는 우주 이야기는 묘한 흡입력으로 학생들을 사로잡았지만, 반대로 할아버지의 옛날 이야기처럼 졸린 느낌도 들었다. 나기의 뒷자리에서 꾸벅꾸벅 졸던 지수가 수업 종이 울리는 소리에 퍼뜩 정신을 차렸을 때, 공위성 선생은 이미 앞문으로 나가는 중이었다.

그날 저녁, 기숙사에 돌아온 나기는 두 번째 힌트에 대해 생각했다.

'태양보다 큰 별의 죽음이 남긴 유산. 그 찬란한 반짝임.'

과학 시간엔 이 말이 초신성을 의미한다고 생각했지만 교내엔 초신성이나 슈퍼노바를 연상시키는 장소가 없었다. 무엇보다 초신성은 남겨진 '유산'이라기보다는 일시적인 '현상'에 가까웠다.

초신성이 아니라면 뭘까. 나기는 공위성 선생의 말을 조용히 복기했다.

'철.'

하지만 철은 별의 죽음 이전 단계의 결과물이고, 반짝임과도

거리가 멀었다.

'초신성의 결과로 만들어지는 철보다 무거운 원소.'

철보다 무거운 원소라면 주기율표상에 얼마든지 있었다. 그 중에 반짝이는 것이라면 아마도 금속. 하지만 후보는 여전히 너무나 많았다. 구리, 니켈, 금, 은, 주석 등 흔한 금속 외에도 알칼리 금속이나 알칼리 토금속까지. '찬란한 반짝임'이 가지는 뉘앙스를 생각한다면 금이나 은이 제일 유력한 후보였지만, 학교 안에 있는 것 중에서 금이나 은과 연관된 무언가가 떠오르진 않았다.

뭘까… 뭘까…. 고민을 계속하는 사이, 나기는 깊은 잠에 빠져들었다.

특별활동

한 주가 지난 금요일, 첫 번째 특별활동 시간이 되었다.

새로 생긴 특별활동부 중에 올림피아드 준비부는 정원 30명을 넘기는 바람에 전국 대회 동상이나 입선을 근거로 지원했던 아이들은 탈락했다는 소문까지 들렸지만, 발레부는 5명 그대로였다. 금슬은 지오와 지수, 나기의 쫄쫄이 차림을 기대했지만 모두 백화란 선생의 안내에 따라 체육복을 입고 있었다.

"자, 첫 시간이니까 스트레칭부터 시작할게요. 모두 이렇게 L 자로 앉아 보세요."

백화란 선생은 자연스럽게 모은 다리를 곧게 펴고 앉아 허리를 곧추세운 자세를 취해 보였다. 아이들은 각자 매트 위에서 자세를 따라 했다.

"이게 스트레칭이라고요? 너무 쉬운데요?"

"거기서 무릎은 바닥으로 더 붙이고, 허리는 앞으로, 정수리는 더 높게… 척추가 S자가 되도록. 발은 90°로 반듯하게 세우고 발꿈치가 살짝 들릴 정도로 다리를 펴세요."

"억?"

만만하게 보였던 자세였지만 막상 해 보니 정확한 자세를 유지하는 것은 쉽지 않았다. 자세를 취하고 몇 초 만에 지수는 다리가 부들부들 떨리고 등허리에 땀이 나는 것을 느꼈다. 지수나 지오는 그나마 정자세를 만들 수 있었지만, 금슬과 나기는 총체적 난관에 빠져 있었다.

"이… 렇… 게… 요?"

금슬은 최선을 다해 자세를 취했지만, 거북목과 뒤로 빠진 허리 때문에 정자세와는 영 거리가 멀어 보였다.

한 시간 뒤, 리나를 제외한 4명은 전부 기진맥진한 상태로 한쪽 벽에 모여 앉았다. 운동광인 지수조차 평소 쓰지 않던 근육들을 쓴 탓에 다리에 쥐가 나기 직전이었다.

네 사람이 휴식을 취하는 동안 리나는 레오타드로 갈아입고 백화란 선생 앞에 섰다.

"…발레 슈즈?"

"토슈즈가 없어서요."

"토슈즈를 신어 본 적은?"

리나는 아랫입술을 살짝 깨문 채 고개를 가로저었다.

"뭐, 괜찮아. 토슈즈보다는 몸을 만드는 게 먼저니까. 그랑 바뜨망, 앞에 두 번, 옆에 두 번, 뒤에 두 번, 돌아서 반대쪽."

백화란 선생은 음악에 맞춰 시범을 보였다. 한 손으로 가볍게 바를 잡고 공중으로 발을 차올리는 그녀의 동작은 마치 팔을 휘두르듯 자연스러웠다.

"마무리로 캄블레. 시선에 주의하면서."

백화란 선생은 허리를 뒤로 크게 넘겼다가 일어나는 동작으로 시범을 마무리했다. 90° 넘게 넘어갔던 몸이 말리듯 올라와 제자리를 찾는 모습에 아이들은 입이 쩍 벌어졌다.

리나는 시범 동작을 가볍게 복기한 뒤 바에 손을 올렸다. 음악이 시작되고, 리나는 앞으로 발을 곧게 차올렸다. 백화란 선생은 감탄사를 속으로 삼켰다. 제대로 뻗은 발끝, 고정된 체간, 부드러운 유연성까지. 토슈즈도 신어 보기 전인 아이라고는 믿을 수 없는 모습이었다.

"사이드 데벨로페 오른쪽, 닫고, 돌아서 반대쪽."

백화란 선생이 오른쪽 발을 무릎 높이까지 끌어올린 뒤 그대로 다리를 펴 발을 높이 뻗는 시범을 보였다. 하늘을 향해 뻗어 올린 오른손과 오른발이 공중에서 만날 듯한 자세였다. 리나는 곧 백화란 선생의 동작을 따라 했다. 리나의 다리는 백화란 선생만큼 몸에 가까이 붙진 못했지만, 발은 머리 높이를 훌쩍 넘긴 위치까지 올라갔다. 백화란 선생은 여러 생각이 담긴 한숨을 내쉬었다.

기숙사로 돌아가는 길, 금슬은 백화란 선생의 모습을 떠올리며 말했다.

"백화란 선생님 대단하시더라."

"그럼! 얼마나 대단한 분인데!"

리나가 흥분된 목소리를 감추지 못하며 말했다. 비록 일주일 남짓한 시간을 함께 보낸 친구들이었지만, 이렇게 격양된 리나의 모습을 보는 건 처음이었다. 금슬이 리나에게 말했다.

"너도 대단하더라. 선생님이랑 거의 똑같아 보이던데?"

"아냐, 나는 백화란 선생님 발끝도 못 쫓아가. 백화란 선생님은 발레계의 전설이었는걸! 아, 화성관에 가면 선생님 자료를 모아 놓은 곳이 있어! 한번 보고 가지 않을래?"

허벅지가 후들거려 지금 당장 길 위에라도 눕고 싶은 그들이었지만, 오늘은 리나의 기분에 맞춰 주기로 했다.

리나는 네 사람을 화성관에 있는 청출어람실로 안내했다.

"여기는 선생님들이 받은 상을 모아 놓은 곳이야. 하유아 선생님이랑 공위성 선생님도 있어."

"이런 곳이 있는 건 어떻게 알았어?"

"나는 여기저기 둘러보고 다니는 걸 좋아하거든."

금슬은 신기하다는 표정으로 사방을 두리번거리며 청출어람실 안으로 들어갔다. 사방이 유리 장식장으로 되어 있는 그곳에는 나뉜 구획마다 수십 개의 트로피와 상장, 메달 등이 전시되어 있었다.

"와, 공위성 선생님 국제 물리 올림피아드 금상이다! 대박!"

"하유아 선생님은 수학 박사야!"

저마다 감탄을 금치 못하는 동안, 리나는 입구 맞은편에 있는 장식장 앞에서 아이들을 불렀다.

"여기가 백화란 선생님 기록이 있는 곳이야!"

그곳엔 발레 슈즈나 발레리나 모양을 한 각양각색의 트로피, 상장, 그리고 백화란 선생의 모습이 들어간 공연 포스터와 사진들이 빼곡하게 놓여 있었다.

"선생님 진짜 멋지지 않니?"

리나가 황홀한 표정으로 백화란 선생의 사진을 바라보는 동안, 나기가 뭔가 깨달은 듯 말했다.

"…여기다."

"응?"

"여기야. 세 번째 힌트가 있는 곳! 태양보다 큰 별이 죽는 순간 초신성이 일어나고 철보다 무거운 물질들이 만들어져. 그중에서 반짝이는 거라면 단연 금이나 은! 여긴 메달이나 트로피가 잔뜩 있으니 어딘가에 세 번째 힌트가 있을 거야!"

나기의 추리에 아이들은 저마다 흩어져 주변을 살폈다. 솟아오르는 호기심에 피로감은 온데간데없이 사라진 후였다.

"어? 이 트로피 뭔가 좀 이상하지 않아?"

잠시 후 금슬이 고개를 갸우뚱거리며 말했다. 금슬이 바라보고 있는 곳은 사회적 기업상, 기업 혁신상, 뉴스 기사 등이 모여 있는 천상천 교장의 코너였다. 골프 대회에서 받은 것 같은 트로피엔 다음과 같은 문구만이 적혀 있었다.

금속이 아니면서 금속과 함께 있는 것의 발밑을 보라.

"그러게…. 상이라기엔 날짜도 없고 뭔가 좀 이상한걸?"

지오도 금슬의 의견에 동의했고, 다른 아이들도 마찬가지였다. 새로운 힌트를 찾은 나기는 가슴이 뛰었다. 이 학교에 오길 정말 잘했다고 생각했다.

내기

다음 날.

나기가 자리에 앉기 무섭게 인자가 성큼성큼 다가왔다. 굳이 미세한 표정을 살피지 않더라도 그는 무척이나 화가 나 있는 게 분명했다.

"너…!"

'얘는 왜 나를 볼 때마다 화를 내는 걸까?'

나기는 어안이 벙벙해져서 인자를 바라봤다.

"너… 무슨 부에 들어갔나?"

"어어? 발… 발레부."

"발레부?"

부글거리는 속을 애써 누르고 있던 인자는 맥이 탁 풀린 표정으로 되물었다.

"농담이지?"

"아닌데."

"하! 너는 내가…!"

자신도 모르는 새 커진 목소리에 주변의 시선이 쏠리자 인자는 일순간 다음 말을 삼켰다.

"발레부?! 하!"

인자가 코웃음을 치며 자리를 떠나자 뒷자리에 있던 지수가 나기에게 물었다.

"쟤 왜 저러냐?"

"…몰라."

교실 앞문을 신경질적으로 세게 닫고 나가는 인자를 보며 지수는 고개를 절레절레 흔들었다.

점심시간, 나기 일행은 식당에 모였다. 다 뭉치면 한 주먹도 안 될 것 같은 양을 식판에 담는 리나를 보며 지수가 말했다.

"야, 그거 먹고 배가 차냐?!"

"…응. 난 이 정도면 괜찮은데."

"먹는 것부터가 운동이랬어. 금슬이 봐, 저렇게 먹어야지."

순간 주변의 이목이 금슬의 식판에 쏠렸다. 앞에 있는 치킨을 얼마나 담을까 고민하고 있던 금슬은 갑자기 튄 불똥에 황당함을 넘어 분노가 치솟았다.

'콱!'

"악!"

금슬은 지수의 발을 냅다 밟은 뒤 치킨 세 조각을 재빨리 식판에 담고 자리를 벗어났다.

"이야, 역시 잘 먹으니까 힘이 장사야. 다시는 못 걷는 줄 알았네."

"…나 지금 포크 들고 있다? 그만해라?"

"미안."

지오와 리나가 두 사람의 모습을 보며 웃고 있을 때 나기는 생각에 잠긴 채 기계적으로 맨밥을 입에 떠 넣고 있었다. 그 모습을 발견한 리나는 신기하다는 표정으로 말했다.

"세 번째 힌트에 대해 생각 중인 걸까?"

"아마도? 쟤 요즘 거기 완전히 꽂혀 있거든."

지수가 답했다.

"금속이 아닌데 금속과 함께 있는 것에 대해 생각해 봤는데, 아마도 탄소가 아닐까? 철을 만들 때 탄소를 섞어서 강도를 높이잖아."

지오가 아이디어를 내놓자, 금슬이 고개를 갸우뚱거리며 말했다.

"그럼 탄소의 발밑은 어떻게 봐?"

"그러네. 뭔가 발이라고 할 만한 게 있어야 할 것 같은데."

모두가 생각에 잠겨 있는데, 지수가 손가락을 튕기며 말했다.

"알겠다! 정답은 비야!"

"비? 어떤 비?"

"금속이 아니면 비금속이잖아? 이때 금속과 함께 있는 건 비! 비 하면 비광! 학교 어딘가에 비광 그림이 있을 거야! 그 아래 쪽에 힌트가 쓰여 있는 거지!"

"푸하하하하! 이야 대박, 진짜 웃겼어!"

"…"

"하하… 농담 맞지?"

"아닌데?"

지수의 말에 폭소하던 지오는 머쓱한 듯 자세를 고쳐 앉았다. 고개를 갸웃거리던 리나가 금슬에게 물었다.

"비광이 뭐야?"

"고스톱 할 때 쓰는 빨간 카드 있잖아. 거기 있는 그림 중에 우산 든 사람."

리나와 금슬이 동시에 한숨을 쉬자, 지수가 발끈하며 외쳤다.

"야, 너네, 내 말이 맞으면 어떻게 할래? 어? 지금 이보다 더 그럴싸한 추리가 있어?"

"학교에서 만든 퀴즈인데 비광은 아니지 않을까?"

"그 정도는 상식이지! 너희 집엔 화투 없어?"

나기조차 자신의 의견에 반대하자 지수가 발끈해서 소리쳤다. 그때 금슬이 눈을 반짝이며 외쳤다.

"내기해서 지는 쪽이 발레 시간에 쫄쫄이 입기. 어때?"

"?!"

금슬의 계산은 날카로웠다. 이기면 지수가 타이즈를 입고, 지면 지오가 타이즈를 입는다. 지면 자신도 레오타드를 입어야겠지만 리나와 백화란 선생이 있는 상황에서 자신에게 시선이 쏠리지는 않을 것이다.

"…콜!"

먼저 승부를 받아들인 것은 지수였다.

"오케이! 콜!"

지오도 한치의 물러섬 없이 승부를 받아들였다. 나기는 이런 내기가 내키지 않았지만 예의상 함께하기로 했다.

반전

이후 2주 동안 발레부 일동은 비광 그림을 찾아 학교 곳곳을 누볐지만 뾰족한 단서를 찾지 못했다. 그사이 네 번의 특별활동 시간이 찾아왔지만 지수는 다른 답을 찾을 때까지는 이 가설이 틀렸다는 걸 확신할 수 없다며 타이즈 착용을 거부했다.

나기는 틈이 날 때마다 세 번째 힌트에 대해 고민했다. 수업 시간에 딴생각을 한다고 꾸중을 듣기도 여러 번. 하지만 공위성 선생의 과학 시간만은 늘 집중해서 들었다. 나기는 공위성 선생이 이야기를 풀어 가는 방식이 좋았다. 강물처럼 잔잔히 흐르다 때로는 폭포수처럼 쏟아지는 정보들. 강물에서 하늘로, 다시 바다로, 불현듯 우주로 뻗어 나가는 자유분방함을, 그 무궁무진한 과학적 지식을 나기는 흠모했다.

"지난 몇 주 동안 우주 이야기를 했으니, 이번엔 좀 작은 세계에 대해 이야기해 보자. 원자 정도가 좋겠군. 바윗돌 깨트려 돌덩이 어쩌고 하는 노래는 모두 알고 있겠지. 그 노래의 끝은 모래알에서 끝나지만, 모래알도 갈아서 가루로 만들 수 있다. 가루는 더 미세한 가루로 만들 수 있지. '이것을 끝없이 반복하면, 더 이상 쪼갤 수 없는 어떤 단위가 있을 것이다.' 이 아이디어를 학술적으로 처음 정립한 사람은 영국의 화학자 존 돌턴이다. 그는 1803년, 세상이 원자로 되어 있다는 원자설을 제창하며 원자엔 다음과 같은 성질이 있다고 했다. 1. 같은 원소의 원자는 같은 크기와 질량을 가진다. 2. 원자는 더 이상 쪼개질 수 없다. 3. 원자는 다른 원자로 바뀌거나, 소멸하거나, 생기지 않는다. 4. 화학 반응은 원자들의 결합 방식이 바뀌는 것이다. 5. 화합물은 원자들이 정수배로 결합해 만들어진다."

수업을 듣던 아이들의 손이 바빠졌다. 공위성 선생은 아직 한 번도 칠판에 뭔가 적은 적이 없었기에 이런 이야기는 그때그때 메모하는 수밖에 없었다.

"현대적인 관점에서 보면 처음 3개는 틀렸고, 뒤의 2개는 맞았다. 같은 원소가 서로 다른 질량으로 존재하는 것을 동위원소라고 한다. 원자는 양성자, 중성자, 전자 등으로 쪼개질 수 있다. 또한 원자는 핵분열이나 핵융합을 통해 다른 원자가 되기도 한다. 이런 오류에도 불구하고 돌턴의 원자 모형은 물질의 구성과 화학 반응에 대한 인류의 이해도를 크게 끌어올렸다.

시간이 흘러 1897년 영국의 물리학자 조지프 존 톰슨은 음극관 실험을 통해 전자의 존재를 발견하고 새로운 원자 모형을 제안한다. 그는 양전하로 된 공 속을 작은 전자가 벌레처럼 돌아다니고 있다고 주장했다. 하지만 그의 이론은 그리 오래가지 못하고 폐기되었다. 이후 그의 제자 어니스트 러더퍼드는 알파선 산란 실험을 통해 원자란 대부분의 공간이 비어 있고, 극히 작은 영역에 질량이 뭉쳐 있다는 걸 알게 된다. 그렇게 만들어진 것이 1911년에 발표된 러더퍼드의 원자 모형이다. 축하하자. 인류는 드디어 원자핵의 존재를 발견하고 원자의 실제 모습에 한없이 근접했다. 원자핵의 크기를 대략적으로 설명하자면, 원자가 축구장만 한 크기일 때 원자핵은 그 가운데 있는 개미 한 마리 정도의 크기다. 전자는 미세 먼지보다도 작다."

나기는 그의 설명을 들으며 (+) 전기를 띤 개미가 운동장만 한 크기의 에너지막을 만들어 내는 상상을 했다. 에너지막 표면에선 엄청난 속도로 돌아가는 (−) 전하의 미세 먼지가 적들을 공격했다. 보어 원자 모형에 대한 이야기가 나올 때 미세 먼지 표창은 여러 겹의 막으로 나뉘어 개미 주변을 돌았고, 전자 구름 모형 이야기가 나오자 미세 먼지 표창은 뿌연 파동의 안개 속으로 사라져 위치와 속도를 동시에 파악할 수 없게 되었다.

수업이 끝났음을 알리는 종소리가 울리자 나기는 아쉬움에 한숨을 쉬었다. 원자핵 개미 다음엔 어떤 상상의 소재가 튀어 나올지 너무나 궁금했다. 뒷자리에 앉아 있던 지수도 한숨을 쉬었다. 밀려드는 졸음과 싸우느라 지칠 대로 지친 그는 이제 야 마음 편히 잘 수 있겠다고 생각했다.

점심시간에 밥을 먹으며 지수는 공위성 선생의 수업이 얼마 나 졸리고 괴로웠는지 토로했다.

"진짜 안 졸려고 애쓰느라 죽는 줄 알았다니까?"

"하긴, 그 선생님 수업에 조는 애들 많지. 근데 선생님은 애들 이 자든 말든 관심도 없는 것 같던데?"

지오의 말에 지수는 손사래를 치며 말했다.

"아니야. 그 선생님은 걸어 다니는 백과사전이잖아. 아마 누 가 언제 몇 분 졸았는지도 다 기억하고 있을걸?"

"…그럴지도 모르겠다."

나기는 과학 시간의 멋진 점을 열 가지쯤 쉬지 않고 나열할 수 있었지만 지금은 잠자코 있기로 했다. 아이들 사이에서 겉 도는 경험은 초등학교 때 질리게 했기 때문에, 이곳에서만큼은 겉돌고 싶지 않았다.

"나는 공위성 선생님 좋던데."

반대 의견을 내놓은 것은 금슬이었다.

"공위성 선생님 잘생겼잖아. 분위기 있고. 목소리도 어쩜 그렇게 멋질까. 과학 수업 말고 소설책 같은 거 읽어 주면 진짜 짱일텐데."

금슬은 공위성 선생이 자신이 좋아하는 소설의 도입부를 읽어 주는 모습을 상상했다. 늘 무뚝뚝하고 모두에게 무관심해 보이는 그가 창가에 기대서 중저음의 목소리로 여름 숲의 눈부신 풍경을 묘사하는 모습은 상상만 해도 황홀했다.

"공위성 선생님이 잘생겼나? 나는 나기랑 닮았다는 생각만 들던데."

"너는 어떻게 말을 해도… 이 얼굴이 어떻게 선생님이랑…".

지수의 말에 분위기가 깨진 금슬은 나기의 더벅머리를 확 걷어 올리며 말했다. 그러자 날카로운 눈매와 시원하게 일자로 뻗은 눈썹이 드러났다. 나기는 인상을 찌푸리며 황급히 앞머리를 다시 내렸다.

"으응…? 닮았네…?"

금슬은 얼굴을 조금 붉히며 말꼬리를 흐렸다. 몸짱 지수에 훈남 지오, 얼짱 나기까지. 금슬은 순간 자신이 순정 만화의 주인공이 된 것 같은 기분이 들었다.

"헤어스타일을 좀 바꿔 봐도 좋겠다."

"어? 그, 그럴까?"

리나의 말에 나기의 표정이 바보처럼 풀렸다. 그 모습을 본 순간 붕 떴던 금슬의 마음이 바람 빠진 풍선처럼 가라앉았다.

'하긴… 소설 속에서도 여자 주인공은 저런 애들이지.'

금슬이 맥빠진 듯 턱을 괴고 있을 때, 나기는 조금 떨어진 벽에 걸린 거울 속 자신의 모습을 봤다. 나기는 생각에 잠겨 있을 뿐인데 노려본다는 오해를 받는 자신의 눈매를 그리 좋아하지 않았다. 하지만 공위성 선생과 닮았다는 말을 들은 건 기분 좋았다. 나기는 공위성 선생처럼 유능하고 자신감 넘치며, 다른 사람의 시선에 아랑곳하지 않고 자기 세계가 확고한 사람이 되고 싶었다.

'선생님은 다음 시간에 어떤 이야기를 해 줄까? 원자 이야기가 끝났으니 분자로 넘어갈까? 아니면 원자가 전자와 주기율표에 대한 이야기를 시작할까?'

주기율표에 대한 이야기라면 되베라이너의 세 쌍 원소설에서 이야기가 시작될 것이다. 그리고 원자량을 기준으로 한 존 뉴랜즈의 주기율표와 옥타브설을 설명하겠지. 그다음엔 미발견 원소들을 빈칸으로 남기고 현대의 주기율표에 가까운 주기율표를 만든 멘델레예프의 이야기를 시작할 것이다.

주기율표에 대한 생각이 뭉게구름처럼 뻗어 가던 그 순간, 마음속에 담아 두었던 몇 개의 키워드가 번개 치듯 서로 연결되었다.

"금속, 비금속, 발… 수소. 정답은 수소야."

"엥?"

나기의 말에 모두 고개를 갸웃거렸다.

"금속이 아니면서 금속과 같이 있는 것. 원소를 금속과 비금속으로 나누면 비금속 원소는 열두 종류밖에 없어. 수소, 탄소, 질소, 산소, 플루오린, 네온, 인, 황, 염소, 아르곤, 브로민 등이지. 대부분의 비금속 원소는 주기율표에서 14족에서 18족에 있는데, 수소만은 1족인 알칼리 금속과 같이 있어. 그러니까 정답은 수소야. 학교 어딘가에 수컷 소 그림이나 조각이 있는 거 아닐까?"

"어?! 나 그거 어디 있는지 알아!"

나기의 말에 금슬이 눈을 반짝거리며 말했다. 그녀의 기억에 따르면 분명 식당에서 그리 멀지 않은 곳에 소 모양의 청동 조각상이 있었다.

"가 보자!"

아이들은 빠르게 식판을 정리하고 금슬을 따라 식당 밖으로 나섰다.

잠시 후, 아이들은 소 조각상 앞에 도착했다. 조각상은 지금 당장이라도 뛰쳐나갈 기세로 바닥을 긁고 있는 소를 그대로 굳혀 놓은 것처럼 생생했다.

"야, 이게 암소인지 수소인지 어떻게 알아? 다리 사이를 확인해 보기 전까진 모르는 거 아냐?"

다급해진 지수는 나기의 가설이 틀렸을 가능성을 어떻게든 찾아내려 했지만, 아무리 생각해도 이 이상의 답은 없는 것 같았다. 바닥에 엎드려서 힌트를 찾던 지오가 말했다.

"이쪽 발바닥에 뭔가 튀어나와 있어!"

소가 들고 있는 앞 발굽의 밑은 바닥과 그리 떨어져 있지 않아 직접 볼 수 없었지만, 발굽 중간에 조그마한 돌기 같은 게 튀어나와 있었다. 손을 집어넣어 돌기 부분을 더듬자 딸깍, 하고 스위치가 움직이는 것 같은 느낌이 들면서 발굽 부분이 밑으로 열렸다.

불꽃 유령은 길을 알고 있다.

발굽 판에 적힌 메시지를 확인한 네 사람은 기뻐했고, 한 사람은 슬퍼했다.

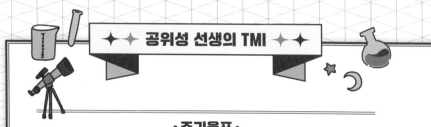

· 주기율표 ·

　리나는 백화란 선생의 심부름으로 상자 2개를 들고 걸어가며 주기율표에 관해 생각했다. 모르는 게 있으면 친구들에게 곧잘 물어봤지만 과학특성화 중학교에서 주기율표는 너무 기본적인 내용 같아 물어보기가 부끄러웠다.

　'세로줄이 족이고, 가로줄이 주기였지? 같은 족은 비슷한 성질을 가졌고, 밑으로 갈수록 전자껍질이 많아졌어.'

　주기율표에 관한 내용을 곱씹으며 모퉁이를 돌던 리나는 맞은편에서 걸어오던 누군가와 부딪혔다.

　"꺅!"

　리나는 재빨리 균형을 잡았지만, 리나와 부딪힌 공위성 선생은 바닥에 엉덩방아를 찧었다.

　"앗… 주기율표… 아니, 죄송합니다!"

　당황스러운 상황에 말까지 헛나온 리나는 얼굴이 홍당무가 되어 안절부절못했다. 상자까지 들고 있는 중학교 1학년 소녀와 부딪혀 혼자 넘어진 공위성 선생도 당황스럽기는 마찬가지였다. 그는 애써 태연한 모습으로 자리에서 일어나 리나가 들고 있던 상자 하나를 들었다.

　"주기율표에 관해 생각하고 있었나 보군."

　리나에게 목적지를 들은 공위성 선생은 앞서 걸으며 이야기를 시작했다.

　"되베라이너라는 과학자가 있었다. 그는 비슷한 성질을 가진 원소를 세 쌍으로 묶으면 첫 번째 원소와 세 번째 원소 물리량의 평균에 두 번째 원소가 오는 경우가 종종 있다는 사실을 발견했지. 리튬-나트륨-칼륨이나 염소-

브로민-아이오딘 같은 경우다."

"아, 세 쌍 모두 같은 족이군요!"

"맞아. 하지만 당시엔 이를 만족하는 조합도 적은 데다가 근거가 빈약해 인정받지 못했다. 이후 영국의 과학자 존 뉴랜즈는 원소를 원자량 순으로 배열하면 여덟 번째 원소마다 비슷한 성질이 나타난다는 옥타브 가설을 주장했다. 현대적 관점에서 보면 주기 개념을 처음 도입한 것이지만 당시엔 원자량이 커질수록 예외가 늘어나 비웃음거리가 되었지."

"두 사람 모두 안타깝네요."

"과학사에선 종종 있는 일이지. 이후 러시아의 화학자 멘델레예프가 둘의 아이디어를 이어받았다. 그는 과감하게 빈칸을 만들어 비슷한 성질을 가진 원소들이 세로줄에 오도록 재배치했지. 이후 빈칸에 해당하는 원소들이 발견되면서 그는 노벨 과학상 후보에 두 차례 올랐지만, 수상 전에 사망했다."

"저런… 그게 현재의 주기율표인가요?"

"비슷하긴 해도 좀 다르다. 멘델레예프는 원소를 원자량 순으로 배치했지만 현대의 주기율표는 양성자의 개수를 기준으로 하지. 이것은 영국의 물리학자 헨리 모즐리에 의해 만들어졌다."

"그랬군요. 아, 벌써 도착했네요."

리나는 백화란 선생에게 받은 열쇠로 체육관 문을 열었다. 리나가 문을 여는 동안 상자 2개를 든 공위성 선생은 생각보다 무거운 무게에 깜짝 놀랐다. 리나가 들었던 상자는 자신이 든 상자보다 2배쯤 무거웠다.

리나는 가뿐한 동작으로 상자를 건네받아 선반에 올렸다. 리나와 헤어진 뒤 공위성 선생은 뻐근한 팔을 휘휘 털며 생각했다.

'운동을 좀 해야겠군.'

불꽃 유령

다음 날, 나기 일행은 백화란 선생을 찾아갔다. 지수가 어색하게 뒷짐을 진 채 백화란 선생에게 타이즈 이야기를 꺼냈다.

"타이즈를 입고 싶다고?"

"…네! 꼭! 입고 싶습니다!"

"그래, 발레를 제대로 배우려면 몸에 붙는 옷을 입는 게 도움이 되지. 지수가 큰 결심을 했구나? 마침 특별활동비도 남아 있으니 선생님이 주문해 줄게. 너희도 같은 생각이니?"

"아니요! 저희는 아직 마음의 준비가 안 되어서요."

"그래, 생각이 바뀌면 말해 주렴."

교무실을 나서며 친구들은 지수의 등을 한 번씩 두드리고 지나갔다.

"이야, 역시, 사나이야! 멋지다!"

"파이팅?"

"어떤 디자인일지 기대된다!"

지오와 나기, 금슬이 차례대로 지나간 뒤 지수는 리나와 단둘이 남았다.

"어… 음… 입으면 확실히 편해."

"…그것 참 위로가 되네."

나기 일행이 교실로 돌아왔을 때, 교실은 간밤에 있었던 귀신 소동으로 시끌시끌했다.

"내가 분명히 봤다니까? 막 빨간색 노란색으로 번쩍거리면서…!"

"어, 그래. 세종대왕이랑 이순신 동상이 싸우는 건 못 봤어?"

"아, 진짜라니까? 야! 누구 또 본 사람 없어?"

아이들 사이에서 억울한 듯 주변을 두리번거리는 사람은 같은 반의 김서전이었다. 서전은 깡마른 몸에 큰 키를 가지고 있었는데, 눈에 띄게 연한 갈색 곱슬머리는 염색이라도 한 것 같았다.

"뭘 봤는데?"

지수가 서전에게 물었다.

"아니 내가, 밤 10시쯤 기숙사로 가고 있었는데 불 꺼진 학교 건물 여기저기에서 불빛이 번쩍거리는 거야. 그냥 불빛이 아니라 빨간색, 노란색, 빨간색 막 이렇게. 그래서 너무 놀라서 막 뛰어서 기숙사로 들어갔거든. 그런데 아무도 내 말을 안 믿어!"

서전의 말을 듣고 있던 나기 일당의 머릿속에 한 단어가 떠올랐다.

'불꽃 유령!'

지수는 속으로 네 번째 힌트를 떠올리고 친구들을 돌아봤다. 지수와 같은 생각을 한 모두는 작게 고개를 끄덕였다.

"…너희는 뭔가 알고 있는 거야?"

"아니! 하지만 너무 걱정하지 마!"

서전의 물음에 지수는 엄지손가락을 척 들어 보인 뒤 자리를 떠났다.

그날 밤 9시 30분. 나기 일행은 학교 건물이 모두 보이는 컴컴한 운동장 가운데에 모였다.

"아우, 밤엔 아직 춥다!"

3월 중순이지만 밤의 체감 기온은 영하에 가까웠다. 손에 입김을 불며 발을 동동 구르는 금슬을 보며 지수가 호기롭게 외쳤다.

"근육이 없으니까 그렇지! 나처럼 몸을 키우면 이 정도는 아무렇지도 않아!"

"그럼 나 잠바 좀 빌려주면 안 돼?"

"…."

금슬에게 잠바를 뺏기다시피 빌려준 지수는 곧 몸을 부르르 떨었다.

"추워? 잠바 다시 줄까?"

"아니아니, 이건 내 근육들이 진동으로 열을 만들어 내는 거야! 하아아아~!"

"…이거라도 줄게."

금슬은 커다란 잠바 소매 속에 완전히 숨겼던 손을 조금 꺼내 자신의 목에 감고 있던 목도리를 풀어 지수의 목에 감아 줬다. 목도리에 남아 있는 온기 때문인지, 지수는 한순간 추위가 모두 사라진 것 같은 기분을 느꼈다. 하지만 곧 두 사람을 바라보는 주변의 뜨거운 시선에 지수는 콧방귀를 끼며 말했다.

"야, 내가 두꺼비냐? 잠바 가져가 놓고 겨우 목도리 주네?"

"그럼 다시 바꿔."

"됐어, 난 이거면 충분해."

머쓱해진 두 사람이 서로 다른 방향을 바라보는 동안 나기는 리나를 바라봤다. 짧은 더플 코트 밑으로 드러난 다리는 앙상하고 추워 보였지만, 그렇다고 바지를 벗어 줄 수는 없는 노릇이라 나기는 혼자 뒷머리를 긁적였다.

"얘들아! 저기!"

그때 지오가 1학년 교실이 있는 토성관 건물을 가리키며 말했다. 불이 모두 꺼진 교실 중 한 곳에서 불그스레한 빛이 퍼져 나오고 있었다. 긴장된 순간, 붉은 불빛이 확 밝아졌다가 꺼지더니 조금 떨어진 곳에서 노란 불빛이 나타났고, 뒤이어 다시 빨간 불빛이 여기저기 건너뛰듯 나타났다. 힌트에 대한 답을 찾기 위해 모인 다섯 사람이었지만, 색색깔의 불꽃이 깜깜한 학교 안에서 번쩍이는 장면을 보고 있자니 오싹한 기분이 드는 건 어쩔 수 없었다.

'꼬옥.'

나기는 누군가가 자신의 소매를 꼭 쥐는 느낌에 순간 가슴이 두근거렸다. 나기는 불빛에서 눈을 떼지 않으며 손을 움직여 상대방의 손을 쥐었다. 긴장감 때문인지 땀에 축축하게 젖은 손은 생각보다 크고 딱딱했다.

'리나 손이 이렇게 컸나?'

조금 이상한 기분이 들어 고개를 돌린 나기는 겁에 질린 표정으로 자신의 바로 옆에 붙어 있는 지오와 눈이 마주쳤다.

"으악!!"

"끼아아아아악!!"

깜짝 놀란 나기가 비명을 지르자 지오도 덩달아 비명을 질렀다. 두 사람의 비명에 긴장 상태에 있던 나머지 아이들까지도 깜짝 놀라 비명을 질렀다.

"뭐야, 뭐?!"

지수가 권투 자세로 주먹을 불끈 쥔 채 나기와 지오 쪽으로 다가왔다.

"…아니, 나기 어깨에 벌레가…."

지오가 변명거리를 만들어 냈고, 나기도 고개를 끄덕였다. 아무래도 방금 있었던 일은 두 사람만의 비밀로 간직해야 할 것 같았다.

다음 날, 학교는 본격적인 괴담으로 들끓었다.

"나도 봤어! 그 빨간 불빛! 처음엔 무슨 소방차라도 지나가는 줄 알았는데, 색깔이 계속 바뀌더라?"

"어! 그리고 나중에 엄청 소름 끼치는 비명도 들렸지?"

"맞아! 여러 명이 막 동시에 지르는 것 같은 비명 소리가…!"

"이 학교 공동묘지가 있던 자리에 엄청 싸게 지었다는 소문이 사실인가 봐!"

"엑, 진짜?!"

소문이 확산되는 데 지대한 공을 세운 다섯 사람은 사뭇 죄책감이 들었지만, 뭔가 해명을 하기도 어려운 상황이었다. 이 상황을 마무리 지으려면 하루빨리 불꽃 유령의 비밀을 밝혀야 했다.

나기 일행은 점심시간에 모여서 불꽃 유령에 대해 기억나는 것들을 모았다.

"노랑, 빨강, 노랑, 빨강, 보라, 노랑, 빨강."

금슬은 불꽃 유령의 색깔을 기억하고 있었다.

"3층 세 번째, 2층 첫 번째, 2층 네 번째, 3층 세 번째, 1층 세 번째… 그다음은 못 봤어."

나기는 각 불꽃이 보인 위치를 기억하고 있었다.

"첫 번째 불빛이 빛난 시간을 네 박자라고 하면, 한 박자 쉬고 딴딴딴, 쉬고 쉬고 딴딴, 쉬고 딴딴딴, 딴딴딴딴, 딴딴…."

리나는 불꽃이 나타난 타이밍을 기억하고 있었다.

"나는… 추웠어. 콜록."

지수는 감기에 걸렸다.

"내가 기억하는 건 이미 다 나왔어."

지오는 아무것도 기억나지 않았기에 묻어가기로 했다.

"…."

나기는 쪽지에 적은 힌트들을 빠르게 조합하기 시작했다. 처음 불빛이 움직인 궤적은 '4'로 동서남북 표시를 뜻하는 것 같았다. 이 가설대로라면 다음에 나타난 2개의 점이 힌트가 있는 곳의 위치를 알려 주는 중요한 정보가 될 것 같았다.

색깔이나 타이밍은 어떨까? 노빨노빨보노빨, YRYRPYR 또는 YRYRVYR, 황적황적자황적…. 나기는 여러 가지 방법으로 색깔들의 이름을 조합해 봤지만 별다른 아이디어가 떠오르지 않았다.

"정보가 좀 더 필요해."

그날 밤, 다섯 사람은 다시 학교 운동장에 모였다. 달라진 점이라면 지수가 롱패딩에 목도리로 중무장을 하고 왔고, 지오가 성경책과 십자가를 들고 나온 것이었다.

"지수는 그렇다 치고, 성경책은 왜 들고 왔어?"

"오늘 수요일이잖아. 원래 이 시간이 수요 예배를 드리는 시간이라."

"아… 그렇구나."

지오의 답변에 금슬은 고개를 갸우뚱했지만 크게 신경 쓰지 않는 것 같았다.

"콜록, 그래서, 우리 왜 또 나온 거라고?"

지수가 나기에게 물었다.

"지금 답을 찾기엔 변수가 너무 많아. 미처 다 기록하지 못한 부분도 있고. 그래서 다시 한번 관측할 필요가 있다고 생각해. 똑같은 현상이 다시 일어나는지, 아니면 바뀌는 부분이 있는지에 따라 앞으로의 방향이 달라지겠지."

"동영상이라도 찍을까?"

"그것도 좋은 생각이야."

금슬의 제안에 나기는 고개를 끄덕였다.

다섯 사람은 만반의 준비를 마치고 유령의 등장을 기다렸지만 10시가 넘도록 유령은 나타나지 않았다.

"설마 이제 안 나오는 건가?"

"조금만 더 기다려 보자."

기숙사 통금 시간은 10시 30분이었다. 기숙사까지 돌아가는 시간을 생각하면 남아 있는 시간은 그리 길지 않았다.

"시작했다!"

금슬이 스마트폰 녹화 버튼을 누르며 외쳤다.

(1,2), (3,4), (2,2)… 나기는 불빛이 나타나는 층과 창문 위치를 좌표로 바꿔 머릿속에 저장했다. 동시에 어제 본 위치와 오늘의 위치를 비교해 봤지만 어떤 규칙성이나 공통점을 떠올리기는 어려웠다. 오늘도 똑같은 색으로 일곱 번을 반짝였다는 것

만 제외하면.

"전부 찍었어?"

"응, 제대로 찍었어."

아이들은 영상을 확인하기 위해 금슬에게 다가갔다. 그런데 그때, 운동장 저편에서 날카로운 호루라기 소리와 함께 손전등 불빛이 나기 일행을 비췄다.

"이 녀석들! 지금 몇 시인 줄 알아!"

"이크, 들어가자!!"

경비 아저씨의 호통 소리에 다섯 사람은 쏜살같이 기숙사를 향해 달렸다.

두 번째 내기

다음 날 아침, 교실은 몇몇 아이들이 찍은 귀신 영상으로 시끌벅적했다. 불꽃 유령의 모습을 확인하려 한 건 나기 일행만이 아닌 모양이었다.

"…뭐야, 그냥 불빛일 뿐이잖아?"

인자는 아이들의 소란에 함께 영상을 봤지만, 이내 흥미를 잃고 자리로 돌아갔다. 잠시 후, 나기가 퀭한 표정으로 교실에 나타났다.

"저거 저거 또 밤새 힌트 푸느라 못 잤구먼."

나기는 책상에 가방을 내려놓고 하품을 한 뒤 지수 근처에 모여 있던 친구들에게 말했다.

"위치나 타이밍은 바뀌었지만 색깔만은 그대로인 걸 보아하니 답은 색깔에 숨어 있을 가능성이 높을 것 같은데, 아직 단서를 못 찾았어. CMYK* 색상이나 RGB** 값으로도 해 봤는데…"

"음… 그보다는 과학과 연관지어 생각하는 게 낫지 않을까?"

금슬의 말에 나기는 고개를 갸웃거리며 되물었다.

"…예를 들어서?"

"글쎄, 색깔에 대한 게 뭐가 있지? 지시약? 보호색? 엽록소? 불꽃 반응?"

"불꽃 반응!"

나기는 손가락을 튕기며 소리쳤다. 왜 그 생각을 지금까지 못 했지? 스스로 당황스러울 정도였다.

"불꽃 반응이 뭔데?"

"금속 원소가 포함된 시약을 불꽃에 넣으면 몇몇 금속은 특징적인 불꽃색이 나타나. 소듐은 노란색, 칼륨은 보라색, 구리는 청록색, 칼슘은 주황색처럼."

"오호."

지수가 금슬의 설명에 고개를 끄덕일 때, 나기는 뭔가에 홀린 것처럼 색깔별로 원소 기호를 써 놓고 주문을 외우듯 생각을 풀어놓았다. Na, Li, Na, Li, K(Cs, Rb), Na, Li.

★ 파랑(Cyan), 자주(Magenta), 노랑(Yellow), 검정(Key=Black)을 조합해서 정의한 색이다.

★★ 빛의 삼원색으로 빨강, 초록, 파랑을 이용해서 색을 표시하는 방식이다.

"보라색이 세슘이나 루비듐일 수도 있겠지만, 일단 칼륨으로 놓자. N은 알파벳의 열네 번째 글자, L은 열두 번째… 아니야, 숫자에 집착하면 안 돼. NLNL…은 아닌 것 같고, 소(듐)리(튬)소(듐)리(튬)칼(륨)소(듐)리(튬)? 이건가? 소리소리칼소리? 칼 소리가 나는 곳? 조리실!"

"조리실!"

힌트를 풀었다고 확신한 나기와 금슬과 지오는 쾌재를 불렀다. 하지만 지수의 생각은 다른 것 같았다.

"너희는 그게 답이라고 확신해?"

"…아마도?"

금슬과 지오가 대답했다.

"만약 나기가 틀리면, 너희들도 쫄쫄이 입을 거야?"

지수의 발언에 금슬은 코웃음을 쳤다.

"우리가 그런 내기를 왜 해? 만약에 나기가 맞으면 넌 어떻게 할 건데?"

"나기가 맞으면… 난 튜튜(발레 치마)를 입겠다."

순간 긴장된 기류가 아이들 사이에 흘렀다.

"이 승부… 받지 않을 수 없군. 안 그래, 지오?"

"동감이야, 금슬."

비장한 분위기의 지오와 금슬을 보며 나기는 손사래를 쳤다.

"아니, 난 싫은데. 나는 쫄쫄이도 입기 싫지만 지수가 튜튜를 입은 모습도 보고 싶지 않아."

"그럼 넌 빠져! 2:1이면 충분하지? 안 그래?"

지오의 제안에 지수는 흔쾌히 고개를 끄덕였다. 나기는 사람을 이해한다는 건 참 어려운 일이라고 다시금 생각했다.

방과 후, 저녁 식사 시간이 끝나고 다섯 사람은 식당 뒤에 있는 조리실을 찾아갔다.

"안 돼. 아무리 식사 시간이 끝났다고 해도 여긴 위생에 직결된 곳이라 아무나 들어올 수 없어. 학교 공부에 관련된 일이라면 선생님께 부탁해서 확인서라도 받아오렴."

조리실을 담당하는 영양사의 태도는 무척이나 단호해서 쉽게 바뀔 것 같지 않았다. 예상치 못한 난관에 부딪힌 다섯 사람은 당혹감을 감출 수 없었다.

"야, 애초에 들어갈 수 없는 곳이 답이라는 게 말이 되냐? 이건 틀린 게 확실해!"

"아니야, 조리실 입구나 간판 같은 곳에 힌트가 있을 수도 있잖아."

"오케이! 그럼 입구까지 찾아보고 없으면 틀린 거 인정?"

"하! '다른 답을 찾을 때까지는 이 가설이 틀렸다는 걸 확신할 수 없다'는 누가 한 말이더라?"

"우와, 누구냐? 그 치사한 인간은… 나구나?!"

지수와 금슬이 옥신각신하며 조리실 입구 쪽을 찾아봤지만, 새로운 힌트를 찾지 못했다. 지수를 제외한 아이들이 모두 실망에 빠져 있을 때 리나가 조심스럽게 손을 들고 말했다.

"저기… 아까 그거, 다르게 읽을 수 있지 않을까?"

"응? 어떻게?"

모두의 시선이 리나에게 쏠렸다.

"원소 기호를 그대로 읽으면 '날리날리케이날리'니까… 나리나리개나리. 혹시 개나리 화단이 아닐까…? 너무 유치한가?"

말하고 보니 조금 부끄러운 생각이 들었는지 리나는 들었던 손을 움츠리며 얼굴을 붉혔다. 그러나 다음 순간, 지수가 성큼성큼 걸어와 리나에게 엄지손가락을 들어 보이며 말했다.

"고맙다. 방금 사람 하나 살린 거야."

지수는 그대로 개나리 화단을 찾아 밖으로 향했다.

"찾았다!"

노란 개나리꽃이 만개한 화단에 도착해 표지판을 살펴보던 지수가 소리쳤다.

"어디? 어디?!"

뒤따라온 지오가 지수 반대편에 엎드려 표지판 밑을 살폈다.

나는 17명의 자식을 가진 사신(死神).

그대여, 나의 품으로 오라.

어쩐지 등골이 오싹해지는 문구에 지오는 벌써 의욕이 사라진 듯한 표정을 지었다. 그 표정을 눈치챈 지수가 지오의 등을 툭 치며 말했다.

"쫄았냐?"

"아니거든?!"

"에이, 쫄았네."

"아니라니까."

"쫄쫄이 입을 생각에 쫄았구만, 뭘!"

아, 그쪽이었나. 지오는 한편으로 안심했다. 과학특성화중학교까지 온 자신이 유령처럼 비과학적인 존재를 무서워한다는 건 무척이나 숨기고 싶은 일이었다.

"안 쫄았거든? 어차피 운동복의 일종일 뿐이잖아?"

공생 관계

다음 특별활동 시간, 나기를 제외한 모두는 발레복으로 갈아입었다. 까만 타이즈에 하얀 반팔티를 입은 지오는 자신이 상상했던 복장보다는 양호하다고 생각했지만 그래도 조금은 민망한 기분이 들었다.

"야, 부끄러워하면 지는 거야!"

지수는 지오의 등을 탁 치고는 당당한 걸음으로 탈의실을 나섰다. 지오는 그런 지수가 참 대단하다고 생각하며 그의 뒷모습을 물끄러미 바라봤다.

"어? 야, 잠깐?"

먼저 나와 몸을 풀고 있던 리나는 지수를 보고 할 말을 잃어버린 채 멍하니 바라봤다.

"왜, 이렇게 보니까 새삼 멋지냐?"

지수는 보디빌딩 선수처럼 포즈를 잡고 근육을 한껏 부풀려 보였다. 그런 그에게 백화란 선생이 머뭇거리며 말했다.

"지수야, 댄스 벨트는 타이즈 안에 입는 거야."

지수는 낭심 커버가 들어 있는 삼각 팬티 모양의 댄스 벨트를 타이즈 위에 입고 있었다. 당황한 지수는 리나를 가리키며 물었다.

"리나는 밖에 입었는데요?"

"저건 레오타드라고 해서 상의랑 연결된 옷이고."

그날 이후 지수의 별명은 슈퍼맨이 되었다.

한 달 동안 매주 두 번씩 발레를 배우며, 네 사람의 체력도 제법 좋아졌다. 처음엔 한 시간만에 녹초가 되어 모두 리나가 연습하는 모습을 지켜봤지만, 지금은 마무리 운동까지 함께할 수 있게 되었다.

"오늘 운동은 여기까지. 중간고사 준비로 모두 바쁘겠지만, 스트레칭을 꾸준히 해서 몸이 굳지 않도록 해 보자. 그럼 인사하고 마무리합시다. 인사―"

'중간고사?!'

순간 리나는 가슴이 철렁하는 기분을 느꼈다. 발레를 다시 배울 수 있다는 기쁨에 들떠서 까맣게 잊고 있었지만, 이곳은 엄연히 '과학'특성화중학교였다.

방으로 돌아온 리나는 학교 홈페이지에 들어가 중간고사에 관한 내용을 찾아봤다. 중간고사까지 남은 기간은 약 2주. 혹시나 시험 성적 때문에 학교에서 쫓겨나거나 하는 최악의 사태만은 피해야 했다.

'중간고사에서 기준 점수(60점)를 넘지 못한 학생은 방과 후 보충 수업을 받고 교내 봉사활동을 수행해야 합니다. 봉사활동 시간은 과목당 열 시간이며, 교내 봉사활동 시간을 채우기 전까지 특별활동 및 일부 교내 시설 이용이 제한됩니다.'

염려했던 것만큼 가혹하진 않았지만, 리나에게는 충분히 위협적인 내용이었다. 이번 신생 특별활동부엔 E-스포츠부와 보드게임부도 있다고 들었다. 많은 학생에게 특별활동 시간이란 학교 예산으로 즐길 수 있는 공인된 취미 시간이나 마찬가지였다. 그런 특별활동 시간에 화장실 청소나 잡초 뽑기를 해야 한다니, 생각만 해도 끔찍한 일이었다.

'반드시 넘고 만다! 60점!'

리나는 각오를 다지고 교과서를 펼쳤다.

'망했다.'

밤새 수학 교과서 연습 문제와 씨름하던 리나는 퀭한 표정으로 기숙사를 나서며 생각했다.

리나는 머리가 좋다는 이야기를 종종 들었지만, 공부와 친한 타입은 결코 아니었다. 마음먹고 공부를 했던 건 과학특성화중학교에 들어와 백화란 선생을 만나겠다는 각오로 6개월 동안 죽기 살기로 벼락치기를 했던 게 전부였다. 정말 죽도록 공부했지만 시험 문제는 그 이상으로 어려워서 합격 소식을 들었을 때도 반쯤은 믿을 수가 없었다. 그날 찍기의 신이라도 내렸던 것일까? 5개의 질문 제비 중 하나를 뽑아 답하는 구술 면접에서도 운 좋게 아는 내용이 나와서 답변한 거였다. 나중에 알게 된 다른 질문들은 무엇을 묻는 것인지조차 이해되지 않았다. 자신은 그야말로 바늘구멍을 통과하는 확률로 이곳에 합격한 게 틀림없었다.

"무슨 걱정이라도 있어?"

자리에 앉아 한숨을 쉬는 리나에게 금슬이 다가와 물었다.

"그냥, 중간고사 때문에."

"에이, 너무 걱정하지 마. 다 배운 데서 나오겠지. 아, 혹시 어제 수학 선생님이 내준 문제는 풀어 봤어?"

"응? 어떤 문제?"

"복소평면에서 좌표의 흔적 구하는 문제 있잖아. 풀릴 듯 말

듯 하면서 안 풀려서."

"아, 그 문제… 나는 못 풀었어."

"그래? 어쩌지? 궁금한데…. 누구 푼 사람 없나? 지수야!"

금슬은 교실로 들어오는 지수에게 뛰어가 말을 걸었다. 금슬의 이야기를 듣고 있던 지수는 기가 찬 듯 코웃음을 쳤다.

"야, 너 바보냐?"

"바보라니! 문제 풀다 보면 막힐 수도 있지!"

금슬이 발끈하는 사이, 리나는 마음 한구석이 뜨끔했다. 만약 시험 성적이 나오면, 저 아이들은 날 어떻게 볼까.

"야, 그런 건 내가 아니라 나기한테 물어봐야지. 내가 이런 문제를 알 것 같아?"

"아, 맞다. 바보처럼 바보한테 물어봤네."

"그래, 이 바보야."

금슬은 혀를 쏙 내밀고 바보 같은 표정을 지어 보인 후 나기에게 다가갔다. 나기는 책상 위에 샤프를 올려놓고 심이 나오는 부분으로 세우기 위해 노력하고 있었다.

"나기야."

"잠깐!"

금슬이 나기에게 말을 거는 순간, 지수가 앞을 막아섰다.

"아, 뭔데 또?"

"지금은 나기가 집중 상태에 있으니 타이밍을 기다려야 해. 지금 물어보면 아무 말 대잔치하거나 멍 때리고 있을 확률이 높거든."

"엥?"

"잠시만 기다려 봐. 내가 타이밍을 알려 줄게."

1분 정도가 지나자, 나기는 샤프에서 살며시 손을 뗐다. 샤프는 잠깐 혼자 서 있는 듯했지만, 이내 한쪽으로 쓰러졌다. 나기가 아쉬운 한숨을 쉬는 순간, 지수가 금슬에게 외쳤다.

"지금이야, 물어봐!"

"나기야, 너 이 문제 풀었어?"

두 사람의 난입에 나기는 잠깐 당황한 듯했지만 이내 정신을 차리고 문제 풀이를 시작했다.

"어? 응. 이 문제는 벡터처럼 생각해서 구하면 편해. 첫 번째 복소수는 $(x1, y1)$에 있고, 여기에 복소수b의 실수배를 더하는 거니까…"

나기는 연습장에 간단한 그림과 함께 풀이 과정을 막힘없이 써 내려갔다. 그 과정이 얼마나 간결하고 명쾌한지, 어제 복소수 연습 문제로 한참을 끙끙거렸던 리나도 단번에 이해가 될 정도였다.

"와, 너 설명 진짜 잘한다!"

"아냐, 뭘."

금슬이 감탄하자 나기는 부끄러운 듯 코끝을 문질렀고, 지수는 자신의 일인 양 어깨를 으쓱했다.

"엣헴, 대단하지? 얘가 나를 과특중에 합격시켰다고."

"와, 그랬구나! 어쩐지! 드디어 의문이 풀렸어!"

"무슨 의문?"

"머릿속까지 근육으로 가득 차 있을 것 같은 네가 어떻게 과특중에 왔는지 궁금했거든."

"야, 건강한 육체에 건강한 정신이 깃든다는 말 몰라? 일단 근육을 키우면 머리도 좋아지는 거야!"

"…세상에, 다 나기가 잘 가르쳐 준 덕이다, 정말."

"야, 나기가 그냥 가르쳐 줬을 것 같아? 나기랑 나는, 공생 관계인 거야. 내가 개미면 나기는 진딧물!"

"나기야! 얘가 너 보고 진딧물이래!"

"야, 내가 언제…! 내가 그랬구나?!"

금슬과 지수가 티격태격하는 동안 리나는 공생 관계라는 표현을 곱씹었다. 지수가 말한 공생 관계가 어떤 것인지 두 사람의 지난 모습을 보면 충분히 이해할 수 있었다. 지수는 나기를 지켜 주고 일상생활도 도와준다. 언뜻 보면 거칠고 장난스러워 보이지만 지수는 누구보다 나기가 생각에 빠져 있는 시간을 존

중했고, 나기가 다른 사람들과 어울릴 수 있도록 노력했다. 그 대신 나기는 지수의 공부를 도와줬고, 그 결과 지수는 과학특성화중학교에 합격한 것이다.

리나는 나기의 도움이 절실했다. 이곳에서 공부로 경쟁하고 싶은 마음은 없었지만, 봉사활동 시간을 채우느라 발레를 배울 수 없게 되는 상황만은 피해야 했다. 나기에게 공부를 배울 수 있는 방법은 뭐가 있을까? 나기와 공생 관계가 될 수 있는 방법은 뭘까?

리나는 자신이 쥐고 있는 패를 조용히 계산했다. 가장 자신 있는 카드는 역시 발레였지만, 그 패는 나기에게 그리 매력적인 카드가 아닐 것 같았다.

한편 리나가 이런 생각에 잠겨 있는 동안에도 금슬과 지수의 만담은 계속되고 있었다.

"야, 그리고 말할 때 가슴 근육 좀 그만 움직여 줄래? 징그럽거든?"

"징그럽다니? 네가 갑빠의 아름다움을 모르는구나?"

"원래 그런 거 좋아하는 사람 잘 없거든? 리나야, 너도 이런 근육 별로지?"

일순간 화제가 자신에게 몰리자, 리나의 마음속에서 몇 가지 계산이 빠르게 돌아갔다.

"응, 나는 발레리노 근육 정도가 좋아."

자신이 가진 카드가 매력적인 카드가 아니라면, 최대한 매력적인 카드로 만들어야 한다.

거래

그날 밤, 나기는 인터넷에서 '발레리노' '발레리노 키' '발레리노 근육' 따위를 검색했다. 몇몇은 우락부락한 근육을 자랑했지만 대부분은 길고 가는 잔근육을 자랑하는 모습이었다.

'이 정도면 나도 잘하면….'

이런 생각도 잠시, 나기는 처음 발레를 배우던 날 거울에 비친 자신의 모습을 떠올렸다. 90°로 반듯하게 앉는 자세일 뿐이었는데도 구부정하게 굽어 있던 무릎, 불룩하게 뒤로 빠진 허리, 앞으로 튀어나온 목…. 그저 앉아 있는 자세인데도 자신의 모습은 초라해 보이기 그지없었다.

사진 속 발레리노들에게선 손끝부터 발끝까지 이어지는 어떤 힘이 느껴졌다. 마치 잘 그려진 그림처럼, 하나의 선으로 매끄럽게 이어지는 힘.

'어떻게 해야 이런 느낌을 가질 수 있는 걸까? 일단 몸도 유연해야 하고 근육도….'

나기는 과학특성화중학교에 입학한 이후 처음으로 퀴즈가 아닌 문제에 대해 고민하다 잠이 들었다.

다시 돌아온 특별활동 시간, 30분 일찍 부실에 도착한 나기는 백화란 선생에게 요청해서 받은 타이즈로 갈아입었다. 자신의 몸을 똑바로 보기 위해서는 다른 친구들처럼 몸에 붙는 옷을 입는 게 도움이 될 것 같았다. 하지만 난방기를 갓 틀어 놓은 부실의 공기가 썰렁했기에 나기는 체육복을 덧입고 마루에 나가 몸을 풀었다.

"끄으으…."

나기는 바닥에 앉아 다리를 쭉 편 상태로 발끝에 손을 대기 위해 허리를 숙였다. 유치원 시절엔 쉽게 닿았던 것 같은데 지금은 좀처럼 닿지 않았다. 조금만 더 하면 닿을 것도 같은데, 무릎 뒤는 너무 아프고 허리는 뻣뻣했다. 그때, 뒤에서 리나의 목소리가 들려왔다.

"도와줄까?"

대답할 틈도 없이, 리나의 손이 나기의 등을 지긋이 눌렀다.

"숨을 길게 내쉬어. 후-"

"후-! 후-!"

나기는 놀란 심장을 애써 달래며 필사적으로 숨을 내쉬었다. 자세 때문인지, 놀란 마음 때문인지 얼굴이 터질 듯이 달아올랐다.

"다음, 나비 자세."

나기는 리나의 말에 두 발을 붙인 양반다리 같은 모양을 하고 앉았다.

"앞으로 숙이고, 다시 길게 후-"

나기가 몸을 앞으로 숙이자, 리나는 뒤에서 양손으로 나기의 무릎을 잡고 눌렀다. 인대에서 '뽀직' 하고 기묘한 소리가 났지만, 나기의 머리는 이미 생각들로 가득 차 있어 통증을 느낄 여유조차 없었다.

'가까워. 따듯해. 닿을 것 같아. 좋은 냄새가 나.'

나기의 심장은 태어난 이래 가장 빠른 속도로 뛰고 있었다. 아마 심박수 계기판 같은 게 있다면 분명 레드존을 넘고도 남았을 것이다.

20여 분의 스트레칭 후, 나기는 무척이나 홀가분한 상태로 자리에서 일어났다. 늘 느껴지던 어깨 위를 누르는 묵직한 기분이 씻은 듯 사라졌다.

"고마워. 이렇게 개운한 느낌이 드는 건 처음이야."

"정말? 도움이 되었다니 기쁘네."

리나는 가볍게 눈웃음을 지어 보이고 옆에 놓인 매트에서 스트레칭을 시작했다. 대부분 나기가 좀 전에 했던 동작들이었지만 리나의 스트레칭은 사뭇 다른 느낌이었다. 폴더블처럼 접히기도 하고, 활처럼 휘어지기도 하고, 동작과 동작이 물 흐르듯 이어졌다. 그 모습을 넋을 잃고 바라보던 나기는 용기를 짜내어 외쳤다.

"혹시 다음 시간에도 도와줄 수 있을까? 나도 내가 도와줄 수 있는 일이 있으면 도와줄게!"

얼마나 긴장했는지 나기의 귀에선 '삐–' 하는 이명 소리가 한동안 맴돌았다.

"그럴까? 그럼…."

그 뒤로 나기와 리나는 거의 매일 저녁에 만나 공부를 했다. 자습실과 이곳저곳을 전전한 끝에 두 사람이 정착한 곳은 도서관에서 예약제로 두 시간씩 빌릴 수 있는 토론실이었다. 이곳에서는 오가는 사람들의 시선이나 소음을 신경 쓰지 않고 자유롭게 이야기하며 공부할 수 있었다.

"다른 과목은 그래도 알겠는데, 과학은 대체 뭘 공부해야 할지 모르겠어. 교과서에 있는 내용을 배운 게 하나도 없잖아."

"…수업 시간에 배운 것 중에 나오지 않을까?"

"제대로 기억 나는 게 없는데…. 공위성 선생님은 맨날 이 얘기했다가 저 얘기했다가 하잖아."

"그래도 핵심 주제들이 있으니까 그것과 관련된 것들로 나오지 않을까? 태양의 일생이라거나, 태양보다 더 큰 별의 일생, 우주의 역사, 원자의 구조와 발견, 주기율표…."

"잠깐만, 좀 적을게. 나중에 자세히 찾아볼 수 있게…."

"내가 다 말해 줄 수 있어."

"에이, 너도 시험 공부해야 하잖아. 일단 내가 좀 찾아볼 테니까…."

"난 괜찮아. 지수랑 있을 때도 이런 시간이 내 공부 시간의 전부였거든. 난 혼자 있을 땐 보통 다른 생각에만 빠져 있어서."

"어떤 생각?"

"정말 그냥 다른 생각들인데, 책에서 본 내용이나 인터넷에서 본 흥미로운 소식들… 힌트 찾는 일들… 그리고…."

'최근엔 너에 대해 많이 생각해.'

나기는 속으로 말을 삼켰다. 나기가 사람들과 부딪히며 배운 것 중 하나는, 사람들은 보통 자신의 감정이나 생각과 호기심을 모두 표현하지 않는다는 것이었다. 누군가를 깊이 생각하는 일이 부끄러운 일이 될 수 있다는 걸, 나기는 크게 한번 아프고 나서야 배웠다. 나기는 떠오르는 지난 기억들을 애써 털어 내며 적당히 갈무리를 지었다.

"그냥, 그런 것들."

"그럼… 가볍게 한번 설명해 줄래? 자세한 내용들은 내가 더 찾아볼게."

"태양의 일생을 이해하려면 먼저 태양의 구조를 아는 게 도움이 돼. 태양은 중심에 핵융합을 일으키는 핵이 있고, 그 에너지가 복사 에너지로 방출되는 복사층과 중심부의 열로 인해 순환하는 대류층이 있어."

나기는 연습장에 차근차근 그림을 그리고 메모를 덧붙이며 말을 이어갔다. 책상 맞은편에서 몸을 내밀어 연습장을 바라보던 리나는 곧 의자를 끌어 나기 옆으로 자리를 옮겼다.

"잠깐만, 이렇게 보는 게 좋겠다."

그 순간, 나기는 감정에도 숫자가 있었으면 좋겠다고 생각했다. 지금 자신이 느끼는 감정이 부끄러움인지 당황스러움인지, 기대감이나 흥분인지, 혹은 사랑인지, 누군가가 분석하고 설명해 줬으면 좋겠다고 생각했다. 하지만 지금 이런 생각에 빠져 있다간 예전과 같은 실수를 할지도 모른다는 생각에, 나기는 최대한 필기에 집중했다.

중간고사가 3일 앞으로 다가왔다. 리나는 나기와 공부한 덕분에 처음과 같은 불안감을 느끼지 않았다. 자신만만한 걸음으로 교실 문을 향하는데, 누군가가 뒤에서 리나를 불러세웠다.

"거기, 잠깐 정지."

목소리의 주인은 지수였다. 지수는 단단하게 팔짱을 낀 자세로 리나를 내려다보며 미간을 찌푸리고 있었다.

"왜? 무슨 일이야?"

리나가 묻자, 지수는 잠깐 시선을 피했다가 턱을 쓰다듬으며 '흠-' 하고 콧숨을 내쉬었다.

"나기랑 공부한 노트 좀 빌리자. 금방 복사하고 돌려줄게."

"…."

"쪼잔하게 굴지 말고 쿨하게 줘. 나도 나기 빌려줬잖아."

"나기가 네 거니? 빌려주게?"

"그럼 오늘부터 나도 같이 공부하자고 한다? 앞으로 시험 기간마다? 쭉?"

리나의 머릿속으로 몇 가지 시나리오가 빠르게 지나갔다. 지수와 나기가 지금까지 쌓아 온 관계를 생각하면 지수의 말은 마냥 허풍이 아니었다. 잠깐 고민하던 리나는 가방에서 연습장을 꺼내 지수에게 건넸다.

"오호, 좋아좋아. 이야~ 너 필기 잘하는구나? 이 정도면 걱정 없겠네."

지수는 연습장을 후루룩 넘겨 보고는 만족스러운 듯 뒤로 돌아 자리를 떠났다. 리나가 짧은 한숨을 내쉬고 교실로 들어가려는 그때, 몇 걸음 떨어진 곳에서 지수가 다시 리나를 불러 세웠다.

"야."

"왜 또?"

"나기는 착한 애다?"

"…나도 알아."

"아니, 넌 몰라. 그러니까 네가 지금 그럴 수 있는 거야."

"내가 뭘…!"

"그래, 뭐, 머리 굴리는 건 좋은데, 선은 넘지 마라. 알았지? 그럼 간다?"

지수는 연습장을 둥글게 말아 목 옆을 안마하듯 톡톡 두드리며 복도를 따라 사라졌다. 문밖에 홀로 남은 리나는 얼굴이 빨갛게 달아오른 채 한동안 우두커니 서서 발끝만 쳐다봤다.

중간고사

3일 후, 중간고사가 무사히 끝났다. 가장 화제가 되었던 건 과학 시험이었다. 20개의 객관식 문제 뒤에 1점짜리 주관식 문제가 10개 출제되었는데, 하나같이 수업 시간에 다룬 적이 없는 내용이었다.

21. 노벨 물리학상을 받은 최초의 아시아인으로, 라만 효과를 발견한 사람의 성과 이름을 쓰시오.
22. 원소명 헬륨의 어원을 쓰시오.
...

"이해할 수 없습니다! 수업 시간에 배운 적도 없는 내용인데다, 이런 건 과학 시험이라고 할 수 없어요!"

시험 결과를 받아 든 인자는 공위성 선생을 찾아가 소리쳤다.

"왜지?"

"수업 시간에 라만 효과에 대해 배운 적도 없고, 그걸 발견한 사람을 언급한 적도 없으니까요! 그다음 문제도…."

"21번의 답은 찬드라세카르 라만이다. 찬드라세카르 한계를 발견한 수브라마니안 찬드라세카르의 삼촌이지. 찬드라세카르에 대해 조금만 찾아봤으면 알 수 있는 내용이라 보너스 1점으로 넣었다. 헬륨의 어원은 그리스 로마 신화의 태양신 헬리오스로, 대기 중의 헬륨을 발견하기 전까지 587.6nm의 원소 스펙트럼은 태양 빛에서만 관측되었기 때문에 태양에만 있는 원소라는 의미에서 헬륨이라고 이름 붙였다. 이 또한 스펙트럼 분석에 대해 조금만 찾아봤으면 알 수 있는 내용이라 보너스 점수로 넣었다. 수업에 관련된 내용을 열심히 찾아본 사람에게 이 정도 보너스를 주는 게 부당한가?"

"저는…."

"그래, 화가 나는 마음은 이해해. 넌 92점을 받았지만 100점을 맞은 사람이 있으니까. 그 학생만 없었으면 네가 92점으로 단독 1등이었을 텐데, 그때도 네가 보너스 문제를 부당하다고 느꼈을까?"

"…!"

"자기 순위에 따라 기분이 바뀐다면 그건 부당함에 대한 분노가 아니라 열등감이다."

그 뒤에 자신이 어떻게 뒷산까지 올라왔는지, 인자는 기억하지 못했다. 그저 얼굴이 화끈거리고, 땀이 비 오듯 흐르며, 목이 따끔거릴 정도로 숨이 찰 뿐. 귓가엔 교무실 문을 밀치고 나오던 순간의 충격음이 희미하게 맴돌았다. 손에 들린 92점짜리 시험지가 구겨질 때마다 인자의 눈앞에 교실에서 확인한 성적이 아른거렸다.

'23번 주나기 100점'.

"으아아아아아아아아!! 으아아아아!!"

인자는 주체할 수 없는 분노와 부끄러움에 목이 터져라 소리를 질렀다.

'주나기…! 주나기…!'

"음?!"

교실에 있던 나기는 순간 목 뒤에 오한을 느끼고 몸을 부르르 떨었다.

"왜 그래? 오줌 마려워?"

"아니, 왠지 오싹한 기분이…"

"오줌 마려우면 화장실 가."

"그런 거 아니라니까."

나기는 간만에 지수와 마주 앉아 이야기를 나누고 있었다. 최근 리나와 어울리면서 지수를 까맣게 잊고 있었다는 생각에 나기는 짐짓 마음이 무거웠다.

"시험은 잘 봤어?"

"그럼, 내가 누구냐. 번개의 신 제우스도 울고 갈 벼락치기의 제왕 아니냐. 전부 빛의 속도로 해치웠지."

엄지손가락을 번쩍 치켜드는 지수를 보며 나기는 속으로 안도의 한숨을 쉬었다. 적어도 나기가 생각하는 지수는 겉과 속이 다른 친구는 아니었다. 오히려 겉과 속이 너무 같아서 오줌이니 똥이니 하는 이야기도 아무렇지 않게 내뱉는 게 조금 부끄러울 뿐.

나기가 주변의 눈치를 살피는 동안, 지수는 아무렇지 않은 표정으로 기지개를 길게 켜더니 '쩝-' 하고 입맛을 다셨다.

"아- 시험도 끝났는데 뭐 하고 놀지? 넌 뭐 할 거냐?"

"난 방에서 책 보려고."

"너도 참 한결같다, 한결같아."

"아, 하지 마."

지수가 손을 뻗어 나기의 머리를 헝클어 놓자 나기는 재빨리 지수의 손에서 벗어나 머리를 정리했다. 잠시 후, 하유아 선생이 한 손에 서류철을 든 채 교실로 들어왔다.

"반장? 자리에 없니? 그럼 부반장."

"…아, 나구나. 차렷! 경례!"

지수는 허둥지둥 일어나 구령을 붙였다. 아이들의 인사를 받은 하유아 선생은 들고 온 서류철을 펼치고 몇 가지 안내 사항을 전달했다. 그중엔 보충 수업과 봉사활동에 대한 공지도 있었다.

"중간고사 치르느라 모두 고생했어. 마침 수영장 내부 공사가 끝났으니 흥미 있는 사람들은 한번 방문해 보렴. 이상!"

공식적으로 시험이 끝났음을 알리는 종례에 아이들이 환호하는 가운데, 지수가 반짝이는 눈으로 나기를 쳐다봤다.

"나기야! 수영장 가자!"

'일이 왜 이렇게 커진 걸까.'

탈의실에서 옷을 갈아입으며 나기는 생각했다. 처음엔 지수가 수영하는 모습이나 좀 보다가 돌아오면 될 거라고 생각했는데, 지오가 합류하고 금슬이 합류하더니 이젠 리나까지 일행이 되었다.

"야, 넌 시험 기간에도 운동했냐? 근육이 왜 계속 커져?"

"머슬 메모리 몰라? 근육에 기억을 저장하는 거야!"

"…그 메모리가 그런 메모리가 아닐걸?"

나기는 옷을 갈아입고 있는 지수와 지오를 보며 두 사람 사이에 끼어 있는 자신을 상상하는 것만으로 초라한 기분이 들었다. 수영장에서 지급해 준 검은색 5부 수영복은 두 사람의 튼튼한 허벅지를 더욱 도드라져 보이게 했다.

'이럴 때일수록 어깨를 펴고 당당하게 서야 해!'

나기는 발레 수업에서 배운 대로 정수리를 높게 당기고 등을 꼿꼿이 세웠다. 갈비뼈가 희미하게 보일 정도로 야윈 몸은 왜소했지만, 구부정한 자세로 있을 때보단 한결 나아 보였다.

슈뢰딩거의 고양이

"와, 넓다!"

제일 먼저 수영장에 도착한 지오가 감탄사를 내뱉었다. 수영장은 25m 길이에 7개의 레인이 늘어서 있었다.

"어으, 차차, 오우야."

지오는 수영장 가장자리에서 손으로 물을 떠 몸에 적셨다.

"야, 뭐 하냐! 얼른 들어와!"

"너희는 안 차가워? 오우, 차가운데?"

지수와 나기가 물에 들어간 후에도 지오는 어깨와 등에 물을 뿌리며 연신 앓는 소리를 냈다.

"꺄하하, 지오 완전 아저씨 같아."

금슬의 발랄한 웃음소리에 세 사람은 옆을 돌아봤다. 세 사람이 들어온 곳과 반대편에 있는 입구에서 리나와 금슬이 학교 수영복을 입고 걸어오고 있었다. 여학생용 수영복은 민소매에 짧은 반바지 정도의 길이로, 검은색 바탕에 노란색 실선 무늬가 몸의 유선형을 따라 새겨져 있었다.

리나의 수영복 차림을 멍하니 바라보던 나기는 순간 리나와 눈을 마주치고 고개를 돌렸다. 리나는 머쓱한 듯 수영모 쓴 머리를 긁적이는 나기를 향해 물을 발로 가볍게 튀기며 웃었다.

"발레복 입은 거 매번 보면서 뭘 새삼스럽게 그래?"

"…"

리나의 장난에 나기는 말없이 얼굴을 붉히며 고개를 숙였다. 두 사람의 심상치 않은 분위기에 지오는 금슬에게 작은 목소리로 물었다.

"쟤네는 왜 아직 안 사귀는 거야?"

"슈뢰딩거의 고양이 같은 거지."

"어떤 부분이?"

"관측하는 순간 달달함이 사라지잖아, 바보야."

"아하."

지오는 금슬의 설명을 단번에 납득했지만, 지수는 두 사람의 대화를 쫓아갈 수가 없었다. 지수는 금슬과 지오가 자신이 모르는 이야기를 나누는 모습이 어쩐지 분했다.

다섯 사람은 한동안 물속에서 달리기 경주를 하거나 수영을 하며 즐거운 시간을 보냈다. 나기는 지수와 리나 사이에 미묘하게 불편한 기류가 흐르는 것을 몇 번 느꼈지만, 그 이유를 짐작하진 못했다.

"와, 힘들다. 나 잠깐만 쉴게. 리나야, 음료수 사러 갈래?"

금슬이 사다리를 잡고 수영장 밖으로 나가며 말했다.

"어… 어… 음…."

순간 리나가 지수와 나기를 번갈아 보며 머뭇거리자, 지수가 나기의 등을 가볍게 떠밀었다.

"나기야, 뭐 하냐. 리나가 같이 가고 싶다잖아."

"어? 아니, 리나는 그런 말 안 했는데?"

"리나야, 내 말 맞지?"

지수의 행동에 리나는 미간을 찌푸리며 '흥' 하고는 금슬이 있는 쪽으로 이동했다. 리나가 풀장 밖으로 나가 수영모를 벗자 물에 젖은 긴 머리가 목덜미를 따라 쏟아졌다.

금슬과 리나가 음료수를 사러 떠나자, 지수가 지오에게 소리쳤다.

"좋았어! 그럼 수영으로 승부다!"

"그 말을 기다렸지! 나기야, 심판 부탁해!"

갑작스러운 수영 대결에 당황한 나기가 지수에게 물었다.

"아니, 갑자기 무슨 수영 대결이야?"

"누가 더 빠른지 확인하고 싶지만 여자애들 앞에서 지면 쪽팔리니까! 그렇지, 지오야?"

"그럼! 친구를 부끄럽게 할 순 없잖아!"

"뭐 인마?!"

두 사람이 티격태격하는 동안 나기는 고개를 절레절레 흔들며 수영장 가장자리를 따라 레인 맞은편으로 걸어갔다.

"준비… 땅!"

나기의 구령에 맞춰 지수와 지오는 힘차게 물살을 갈랐다. 매끈하게 물살을 가르는 지오와 달리 지수는 엄청난 물보라를 일으켰지만, 그 힘이 워낙 대단한 탓에 거의 비등한 속도로 나아가고 있었다.

두 사람이 숨 가쁜 경주를 벌이는 동안, 나기는 점점 다른 생각에 빠져들었다.

'아까 리나의 눈빛은 뭐였을까? 정말 내가 같이 가 주길 바라는 것이었을까? 나는 그 마음을 눈치 못 챘는데, 지수가 눈치챈 게 섭섭했던 걸까? 그런 건 대체 어떻게 알게 되는 걸까? 아니면 내가 눈치 못 챈 다른 이유가 있는 걸까?'

나기가 풀장 밖으로 나가는 리나의 모습을 다시 떠올리며 얼굴을 붉히고 있을 때, 물속에서 지오와 지수가 거의 동시에 거친 숨을 내쉬며 고개를 내밀었다.

"푸하! 누가 이겼어?!"

"어… 어… 무, 무승부!"

"뭐? 에잇, 그럼 재대결이다!"

"그럼 내가 반대편으로 갈게!"

나기는 풀장 가장자리를 따라 종종걸음으로 걸어가며 두 손으로 자신의 양쪽 뺨을 찰싹 때렸다. 리나의 일도 중요했지만, 눈앞에 있는 친구들과의 관계도 나기에겐 중요한 일이었다.

"준비, 땅!"

나기의 구호에 맞춰 두 번째 경주가 시작되었다.

'집중하자, 집중!'

나기는 두 눈을 부릅뜨고 물살을 가르는 두 사람의 모습에 집중했다. 조금 전엔 운 좋게 넘어갔지만, 이번에도 딴생각에 빠져 있으면 아무리 착한 두 사람이라도 화를 낼 것이다.

나기는 튀어 오르는 물보라와 표면에 반짝이는 불빛까지 모두 눈에 담을 기세로 눈앞의 상황에 집중했다. 수영장 표면엔 천장 창문을 통해 내려온 햇빛이 눈부시게 빛나고 있었다.

'어? 뭐지, 저 모양은?'

순간, 나기는 수면에 비친 천장 창문의 모양이 무척이나 눈에 익다고 생각했다. 나기는 고개를 들어 창문을 바라봤다. 정사각형 색유리들이 모여 있는 창문의 밑변은 폭 18칸의 직선이었지만 양쪽 끝은 7칸 높이였고, 그 안쪽은 6칸이었다가 더 안쪽 부분은 4칸으로 된 비대칭 모양이었다. 대부분의 유리는 투명했지만 일부는 초록색, 보라색 등의 색유리로 되어 있었다.

'…이건?!'

"내가 이겼다!!"

나기가 한창 생각에 빠져드는 그 순간, 지오와 지수가 거의 동시에 물 밖으로 고개를 내밀며 소리쳤다.

"나기야, 누가 이겼어?!"

또다시 두 사람이 동시에 외쳤지만, 나기는 이미 생각의 저편으로 빠져 버린 후였다.

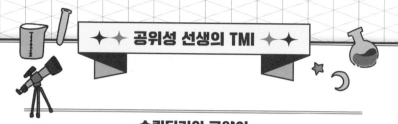

· 슈뢰딩거의 고양이 ·

수영장에 다녀오고 며칠이 지났다. 화성관 1층 복도를 지나던 지수는 고양이 조각상을 발견하고 걸음을 멈췄다. 흰색 대리석으로 만든 고양이 조각상은 금색 실타래를 앞발로 굴리며 노는 모습이었다. 지수는 수영장에서 금슬과 지오가 나누었던 대화를 떠올렸다.

'…고양이 같은 거잖아.'

정확한 단어는 기억나지 않았지만, 고양이가 들어간 것만은 확실했다. 지수가 한 손으로 턱을 괸 채 기억을 더듬고 있을 때, 공위성 선생이 어딘가 불편한 걸음걸이로 지수에게 다가왔다.

"…고양이를 좋아하나?"

"엇, 안녕하세요. 이게 그, 술에 취한 고양인가 그건가요?"

"슈뢰딩거의 고양이를 말하는 건가?"

"맞아요!"

"슈뢰딩거의 고양이는 실제 고양이가 아니라 오스트리아의 물리학자 에르반 슈뢰딩거가 고안한 사고 실험이다. 바깥과 완전히 차단된 상자 안에 고양이와 청산가리가 든 병, 방사성 물질인 라듐, 방사능을 검출하는 가이거 계수기, 망치를 넣고 상자를 닫는다."

"왜요?"

"설명을 끝까지 들어라. 라듐이 붕괴하면 가이거 계수기는 방사능을 탐지할 거고, 망치는 유리병을 깨트린다. 그러면 고양이는 죽겠지. 라듐이 붕괴할 확률은 한 시간에 50%다. 그럼 한 시간 후 고양이는 어떤 상태일까?"

"음… 열어 보면 알겠죠?"

"상자를 열어 보지 않는다면?"

"언젠가는 죽겠죠?"

"아니, 앞으로 계속 열지 않는다는 게 아니라, 정확히 한 시간이 지난 시점에서 고양이가 어떤 상태일 것이냐는 뜻이다."

"…글쎄요? 죽었을 수도 있고, 살아 있을 수도 있겠죠."

"그게 이 실험의 결론이다."

지수는 얼굴을 찌푸렸다. 알 듯 말 듯한 어떤 생각이 머릿속을 굴러다니는 기분이었다. 지수는 방금 들은 내용을 수영장에서 들었던 대화에 대입해서 생각해 봤다.

"그러니까, 까 보기 전까지는 알쏭달쏭한 상태다, 그런 말이죠?"

"그렇지. 하지만 관측하는 순간 상태는 확정된다."

지수는 '흠-' 하고 콧숨을 내쉬었다. 나기가 리나에게 적극적으로 다가가지 못하는 이유를 알 것도 같았다. 지수의 반응을 본 공위성 선생이 물었다.

"운동 후에 근육통이 있을 땐 어떻게 해야 하지?"

"얼마나 아프냐에 따라 다르겠죠?"

"10점 만점에 5점 정도."

"그럼 좀 걷거나 스트레칭을 하는 게 도움이 되죠. 그보다 더 아프면 약 먹고 쉬어야 하고. 혹시 아까 고양이 문제랑 연관된 건가요?"

"아니, 내가 아파서 그렇다."

대화를 마친 공위성 선생은 비틀거리며 복도를 따라 사라졌다. 지수는 어쩐지 그의 뒷모습에서 나기의 미래를 본 것 같은 기분이 들었다.

사신의 품

얼마의 시간이 흘렀을까. 나기는 속으로 다섯 번째 힌트를 읊조리며 정신을 차렸다.

'나는 17명의 자식을 가진 사신. 그대여, 나의 품으로 오라.'

나기의 마음속에선 모든 퍼즐이 맞춰진 후였다. 이제 남은 것은 가설이 맞는지 확인하는 일뿐이다. 그렇게 생각하며 눈을 반짝 떴을 때, 자신의 코앞에서 립스틱을 들고 있는 리나와 눈이 마주쳤다.

"…아니, 나는, 하지 말자고 말렸는데, 구경하다 보니 너무 재미있어 보여서…."

"??"

상황 파악을 못 하고 있는 나기에게 금슬이 손거울을 건넸다. 손거울 속의 나기는 레트로 스타일로 울긋불긋하게 눈화장과

볼터치가 되어 있었다.

"미안, 전부 화장품이니까 비누로 씻으면 다 지워질 거야."

리나는 귀까지 빨갛게 달아오른 채 손부채를 부치며 나기의 눈을 피했지만, 나기의 머릿속에는 자신의 가설을 한시라도 빨리 검증해야 한다는 생각밖에 없었다. 얼굴의 낙서 따위는 중요한 일이 아니었다.

"모두 천장 창문을 봐! 유리창 모양이 뭐랑 닮지 않았어?"

"어? 천장?"

나기의 손짓에 모두 천장을 바라봤다.

"저거… 주기율표 아냐?"

가장 먼저 정답을 맞힌 건 금슬이었다.

"맞아. 오른쪽이 1족이고, 왼쪽이 18족인 주기율표 모양이야."

"음… 예쁘긴 한데… 그래서?"

"그리고 이 수영장도 7개 레인으로 되어 있지. 우리가 찾은 다섯 번째 단서는 '나는 17명의 자식을 가진 사신. 그대여, 나의 품으로 오라'였어. 내 생각에 17명의 자식은 17개의 전자를 뜻해. 그럼 17번 원소는 뭘까?"

"아…!"

나기의 말에 지수가 손가락을 튕기며 눈을 크게 떴다.

"맞아."

나기가 씨익 웃으며 지수를 바라보자, 다른 아이들도 지수를 바라봤다. 그 순간, 이미 모든 것을 이해한 듯 자신만만한 표정을 짓고 있던 지수의 표정이 점점 난처하게 변했다.

"미안, 왠지 지금 리액션하면 유식해 보일 것 같았어."

"아, 뭐야…."

모두의 시선이 다시 나기를 향하자, 나기는 자신의 추리를 이어 갔다.

"17번 원소는 염소야. 염소는 플로오린, 브로민, 아이오딘 등과 함께 할로겐에 속하는 원소지. 염소는 표백제나 물을 소독할 때 쓰는 유용한 물질이야. 하지만 고농도로 있을 땐 독성이 강하기 때문에 제1차 세계대전 당시엔 화학 무기로 쓰이기도 했어. 7개의 레인이 있는 수영장, 천장 창문에 있는 주기율표, 그리고 염소."

"이 수영장이 바로 사신의 품이었구나!"

금슬이 소리쳤다.

"맞아. 아마 수영장 안 어딘가에 여섯 번째 힌트가 있을 거야. 그러니 지금 바로 찾아보자."

"좋아!"

물에 뛰어든 나기는 곧 세 번째 레인의 스타트대 맞은편 바닥에서 여섯 번째 힌트를 발견했다. 흰색 타일에 하늘색으로 쓰인 글씨는 유심히 보지 않으면 찾을 수 없는 크기로 쓰여 있었다.

우리 셋은 서로를 두 팔로 붙잡고 곧바로 날아오른다.

"찾았다!"

메시지를 확인한 나기가 고개를 들자 주변에 있던 아이들이 나기를 보고 웃음을 터트렸다.

"…?"

"나기야, 미안한데, 큭큭큭, 제발… 큭큭큭큭… 세수 좀 하고 오자."

지수는 화장이 번져 얼룩처럼 흘러내리고 있는 나기의 얼굴을 보고 거의 눈물을 쏟고 있었다. 나기가 별거 아니라는 듯 손등으로 얼굴을 쓱 문지르자 립스틱이 옆으로 번지면서 더 기괴한 모습이 되어 버렸다.

"와… 와이 쏘 시리어스(Why so serious)… 푸하하어푸푸푸!!"

지수는 배꼽을 잡고 웃다가 발을 헛디뎌 물까지 먹었다.

"아, 미안하다고~"

지수는 씩씩거리며 걸어가는 나기의 뒤를 따라가며 연신 사과의 말을 건넸지만 별 소용은 없는 것 같았다.

나기는 자신의 가설을 확인해야 한다는 생각에 사로잡혀 그 얼굴로 한참을 돌아다닌 것도 부끄러웠고, 그 모습을 리나에게 보여 준 것도 부끄러웠다. 그리고 그 아이디어를 처음 낸 사람이 지수라는 점이 참을 수 없이 화가 났다.

"네가 먼저 심판 봐 주기로 하고 한눈팔았잖아! 솔직히 말해 봐. 너 처음에도 딴생각하고 있었지?"

평소 같으면 금방 풀어졌을 나기가 좀처럼 반응이 없자 지수가 볼멘소리로 외쳤다.

"그래, 처음엔 딴 생각했어. 하지만 두 번째엔 정말 노력했어! 노력했는데도 안 되는 걸 어떡해!"

"야, 네가 그런 건 당연한 거니까 무조건 참아야 하고, 내가 한 번 그런 건 용서 못 할 잘못이냐?"

지수는 지수대로 섭섭한 마음이 쌓여 있었다. 지수는 평소 나기를 최대한 배려했다. 수년간 나기를 곱게 보지 않는 아이들로부터 나기를 지켰고, 이번 시험 기간에는 내내 찬밥 신세로 있으면서도 나기와 리나 사이를 방해하지 않으려 애썼다. 리나의 얄팍한 꼬임에 넘어가 헤실대는 나기에게 몇 번이고 참견하고 싶었지만 그 또한 경험이라는 생각에 묵묵히 참고 또 참았다. 최근 나기로 인해 자신이 겪은 스트레스를 생각하면, 오늘 나기의 반응은 배은망덕 그 자체였다.

지수가 불같이 화를 내자 나기는 당황했다. 지수가 나기에게 화를 낸 적이 몇 번 있긴 했지만 이런 식으로 화를 낸 건 오늘이 처음이었다.

"아, 말 좀 해 보라고."

지수의 위협에 나기의 어깨가 움츠러들었다. 지수의 덩치가 지금처럼 크게 느껴진 적이 없었다. 평소의 지수가 사파리 투어에서 보는 곰이었다면 지금의 지수는 숲속에서 만난 야생 곰이었다.

"나는… 나는, 네 장난감이 아니야."

나기는 떨리는 목소리로 지수에게 말했다.

"…하."

지수는 기가 차다는 듯 헛웃음을 치더니 복잡한 표정으로 나기를 쳐다봤다.

"우리 나기 많~이 컸네."

그 한마디를 남긴 채, 지수는 팔자걸음으로 사라졌다.

소행성

그 뒤로 한동안 지수는 친구들과 거리를 두었다. 지오나 금슬이 몇 번이고 저녁 식사를 권했지만 모두 사양했고, 특별활동 시간에도 나타나지 않았다. 지수를 불편하게 여기던 리나도 막상 지수가 계속 보이지 않으니 허전함을 느끼기는 마찬가지였다. 지수와 금슬의 만담이 사라지면서 분위기가 적막해지는 순간이 많아졌고, 나기가 로딩 상태에 빠졌을 때 적절하게 도와줄 사람이 없어 불편함을 느낄 때도 많아졌다. 리나와 금슬과 지오는 나기에게 수영장에서 있었던 일을 사과하며 지수와 나기가 화해할 자리를 만들어 주려고도 했지만, 별다른 소득을 거두지 못했다.

이 시기에 나기의 생활은 크게 세 부분으로 나뉘었다. 수업을 듣는 시간, 친구들과 함께 있는 시간, 그리고 여섯 번째 단서에 대해 고민하는 시간. 지수 없이 주변 상황에 맞춰 생활하려면 너무 생각에 집중하지 않도록 집중해야 했다. 집중하지 않기 위해서 집중한다는 게 처음엔 이상하다고 생각했지만, 이제는 조금씩 요령을 알 것도 같았다.

기숙사 방에 돌아오면 나기는 곧바로 연습장을 펼쳐 놓고 상상의 나래를 펼쳤다. 룸메이트인 부만에 대한 나기의 첫인상은 비호감이었지만, 최근엔 이 이상 좋은 룸메이트가 없다는 쪽으로 생각이 바뀌었다. 하루 종일 긴장 상태로 지내는 것도 모자라 방에 돌아온 뒤에도 룸메이트와 대화하고 여러 가지를 신경써야 한다는 생각만으로도 정말 끔찍했다.

'나는… 어딘가 잘못된 걸까.'

오늘처럼 하루가 힘들게 느껴지는 날이면 나기는 이런 생각을 떨치기 어려웠다. 모두가 가지고 있는 어떤 부속이 자신에게만 없는 기분. 모두가 당연하게 이해하는 책을 나 혼자 이해할 수 없는 기분. 내 감정, 내 생각, 내 마음을 나조차 이해할 수 없다는 생각이 들면 화성과 목성 사이를 떠도는 소행성이 된 것 같은 고독감을 느꼈다. 모두가 각자의 자리를 찾아 어우러지고 행성을 이루는 동안 끝까지 자신의 자리를 찾지 못하고 튕겨 나온 소행성. 티티우스 보데 법칙*에 아름답지 못한 공백을 만든 장본인은 바로 자신이란 생각이 나기를 사로잡았다.

'내가 소행성이라면 지수는 태양이겠지.'

나기는 자신이 우주 저편으로 날아가지 않고 그나마 궤도 안에 있는 건 지수의 중력 덕분일 거라고 생각했다. 크고 강하고 늘 밝은 지수는 존재만으로도 언제나 눈에 띄었고, 사람들을 자신의 주변으로 끌어당겼다.

'만약 지수가 없어진다면?'

나기는 한순간 태양이 없어지는 상상을 했다. 궤도의 구심점을 잃고 초속 20km의 속도로 흩어진 소행성들. 그중 몇몇은 다른 천체의 중력에 이끌려 갈지도 모르지만, 대부분은 영원에 가까운 시간 동안 텅 빈 우주를 떠돌 것이다. 지구에서 가장 가까운 항성도 4광년이 넘는 거리에 있으니, 초속 20km의 속도 따위는 정지해 있는 것이나 마찬가지일 터였다.

나기는 문득 눈물이 났다. 이 감정이 분함인지, 외로움인지, 두려움인지, 그리움인지, 나기는 알 수 없었다.

다음 날 과학 시간, 공위성 선생은 시작종이 치는 것과 동시에 교실 문으로 들어서며 이야기를 시작했다.

"오늘부터는 원자의 결합에 관해 이야기해 보자. 원자와 원자

★   태양에서 행성까지의 거리에 대한 법칙으로서, 수성에서 태양까지의 거리를 기준으로 삼아 금성, 지구, 화성 등의 평균 거리를 구한다. 수학자 티티우스가 발견하고 천문학자 보데가 발표했다.

의 결합은 크게 세 가지로 나눌 수 있다. 금속 원소끼리 결합하는 금속 결합, 금속 원소와 비금속 원소가 결합하는 이온 결합, 비금속 원소와 비금속 원소가 결합하는 공유 결합이다. 많은 과학 분야가 그렇지만, 이 세 가지도 깊이 파고들수록 구분이 모호해지는 영역이 있다. 공유 결합이 금속과 비금속 원소 사이에서 생기기도 하고, 흑연처럼 전기 전도성을 가진 공유 결합 물질도 있다. 오늘은 각 결합의 주된 특징들을 알아보자. 일단, 원자는 왜 서로 결합하는 걸까? 그건 대부분의 원자가 결합했을 때 보다 안정된 상태가 되기 때문이다. 처음부터 안정된 상태인 18족의 비활성 기체 헬륨과 네온, 아르곤 등은 고온이나 극저온 같은 특별한 상태가 아니라면 다른 원자와 결합하지 않는다. 심지어 자기 자신과도 결합하지 않지. 이들은 원자 상태 그대로, 기체로 존재하기 때문에 원자이자 분자다. 그래서 비활성 기체는 영어로 '이너트 가스(Inert gas)'지만 누구와도 결합하지 않는 고고한 기체라는 의미로 '노블 가스(Noble gas, 귀족 기체)'라고 부르기도 한다."

노블 가스. 나기는 이 단어의 어감이 좋았다. 자신은 소행성보다는 노블 가스가 되고 싶었다. 홀로 있어도 외롭지 않고, 스스로 완전한 존재.

"하지만 다른 물질들은 상황이 좀 다르다. 이들은 18족과 같은 안정된 전자 상태가 되기엔 가지고 있는 전자가 많거나 적다. 그래서 이들은 가지고 있는 전자를 주고받는 이온 결합을 하거나 전자를 공유하는 공유 결합을 함으로써 안정된 상태를 만든다. 금속 결합은 이들과 다른 이유로 생긴다. 금속 결합은 금속 원소 모두가 전자를 내놓고 이들이 원자핵 사이를 자유롭게 돌아다니며 원자핵들을 결속시킨다. 이 전자들을 자유 전자라고 한다. 금속의 광택, 전도성, 연성, 전성과 같은 성질들은 모두 이 자유 전자로 인해 생기는 특성이다."

공위성 선생은 이후 수업 시간 동안 각 결합의 에너지나 용해도, 녹는점과 끓는점 등을 비교하며 설명했다. 설명 중간중간 금속 결합이지만 상온에서 액체 상태인 수은과 공유 결합이지만 결정형을 가진 다이아몬드 등에 대해 설명하는 것도 잊지 않았다.

수업이 끝난 후, 나기는 노블 가스와 화학 결합에 대해 생각했다. 어쩌면 인간관계도 화학 결합과 비슷한 게 아닐까? 어떤 관계는 기브 앤 테이크를 기반으로 하고, 어떤 관계는 같은 취미나 자산을 공유함으로써 만들어진다. 정치나 종교, 금전 등을 매개로 거대하게 얽힌 관계도 있다.

'지수와 나는 어떤 결합일까?'

가장 먼저 떠오른 건 이온 결합이었다. 자신은 지수에게 공부를 가르쳐 줬고, 지수는 자신을 지켜 줬다. 리나와 자신도 발레와 공부를 주고받는 이온 결합, 운동을 같이 다니는 지수와 지오는 공유 결합, 지수와 금슬은 대화가 잘 통하니 공유 결합….

그림을 그려 보면 지수 주변은 공유 결합으로 가득했고, 나기 주변엔 몇몇 이온 결합이 있었다. 원자들은 화학 결합을 할 때 공유 전자쌍을 끌어당기는 힘을 가지고 있는데, 그 힘의 크기를 전기음성도라고 한다. 전기음성도 차이가 큰 원자들은 이온 결합을 하고, 차이가 작은 원자들은 공유 결합을 한다. 이런 과학적 사실조차 지금은 자신이 남과 다르다고 말하는 것 같아서 나기는 마음이 아팠다.

이온 결합

그날 방과 후, 나기는 지수의 뒤를 쫓았다. 마음을 표현하고 싶은데, 그걸 어떻게 말해야 할지 알 수 없었다. 머릿속에 있는 단어들을 닥치는 대로 뒤적거렸지만 손에 잡히는 단어는 하나도 없었기에, 나기는 마냥 지수의 뒤를 따라 걸었다.

잠시 후, 지수가 도착한 곳은 도서관이었다. 당연히 체력단련실이나 매점일 거라고 생각했던 나기는 큰 충격을 받았다.

"지수 왔구나? 오늘도 잘 부탁해."

"넵."

지수는 사서와 간단한 인사를 나눈 뒤 익숙한 동작으로 책들이 담긴 카트를 끌고 자료실 안으로 향했다. 아직 상황 파악을 못한 나기가 입구에서 우물쭈물하고 있자 단발머리에 푸근한 인상의 사서가 웃으며 물었다.

"안녕, 혹시 봉사활동 때문에 왔니?"

엉겁결에 봉사활동을 하게 된 나기는 카트를 끌고 자료실 안으로 들어갔다. 도서관은 올해 처음 문을 연 만큼 새 책 냄새로 가득했다.

이제 어떻게 해야 할까. 나기가 멍하니 책장 사이에 서서 사고 회로를 돌려 보고 있을 때, 책장 저편에서 지수가 카트를 밀고 나타났다.

"엇?!"

예상치 못한 만남에 지수는 손으로 얼굴을 가리며 황급히 고개를 돌렸다. 하지만 그런 거대한 몸을 가진 학생은 과학특성화중학교에 지수 하나뿐이었다. 그 사실을 본인도 어렴풋이 깨달았는지 지수는 얼굴 가리기를 포기하고 어색한 표정으로 나기를 쳐다봤다. 한동안 우물쭈물하던 지수는 나기 앞에 놓인 카트를 보고 눈이 휘둥그레져서 물었다.

"뭐야, 너도 낙제점이야?"

"어? 아, 이건… 어쩌다 보니…."

"와, 나는 반에서 나 혼자인 줄 알았는데…."

지수는 머쓱한 표정으로 코끝을 쓱 문질렀다. 공부가 특기인 타입은 아니었지만 반에서 홀로 낙제점을 받았다는 생각에 못

내 부끄러웠던 지수였다.

"난 국어랑 영어. 너는?"

"…난 사회."

"아, 사회도 아슬아슬했지…."

나기는 거짓말을 했다는 생각에 마음이 불편했지만, 지금 지수와 이야기를 하기 위해선 공감대가 있는 게 나을 것 같았다.

"아니, 난 국어 지문에 나오는 애들이 이해가 안 가. 그래, 뭐 어렸을 때 좋아하는 애 눈에 띄고 싶어서 괜히 장난치고 그럴 순 있지. 그래도 패드립까지 쳐 놓고 사실은 좋아했다고 하는 건 좀 아니지 않아? 안 그래?"

지수는 이번 시험에 나왔던 작품들이 마음에 들지 않는 듯 구시렁거리며 분류 번호에 따라 책을 정리했다. 나기의 입장에서는 현실에서 상대의 심리를 파악하는 것보다 작품 속 인물의 심리를 파악하는 게 훨씬 수월했다. 작품엔 인물의 심리 묘사도 있고, 복선도 있다. 하지만 현실에선 상대의 속마음을 알 수 없고, 때로는 자신의 감정조차 파악할 수 없다.

"그냥 좋으면 좋다, 싫으면 싫다, 말을 하고 살면 될 텐데 서로 참 피곤하게 살아. 그치?"

"응."

나기는 지수의 말에 동의했지만 마음속은 복잡하기 그지없었다. 나기는 여전히 지수가 자신에게 화가 나 있는지, 아니면 정이 떨어진 건지 알 수 없었다. 어떤 경우인지 알아도 마땅한 답이 안 떠오르는데, 상대가 어떤 상태인지도 모르니 더더욱 눈앞이 깜깜했다. 어색한 침묵 속에서 고민하던 나기는, 그저 자신 안에 맴도는 이야기를 솔직하게 풀어내기로 했다.

"오늘 과학 시간에 화학 결합에 대한 이야기를 했잖아. 그 이야기를 들으면서 사람의 관계도 화학 결합이랑 비슷하단 생각이 들더라. 공통점이 많은 사람들은 공유 결합이고, 뭔가를 주고받는 사람들은 이온 결합이 아닐까. 내 생각에 우린…."

"이온 결합이지."

지수가 나기의 말에 맞장구 치듯 끼어들었다. 나기는 이온 결합이란 말을 꺼내려던 참이었지만, 그 말이 지수의 입에서 나오자 서운한 마음이 목 밑까지 훅 하고 차올랐다.

"…역시 그렇지?"

"그럼. 이온 결합은 공유 결합보다 강하니까."

너무나 뜻밖의 결론에 나기는 눈을 동그랗게 뜨고 지수를 쳐다봤다. 지수는 그 반응에 빈정이 상한 듯 허리에 손을 올리고 말했다.

"야, 나도 맨날 잠만 자는 거 아니거든?"

"어, 아냐, 그런 의미가 아니라…."

공유 결합의 결합 에너지는 1mol(몰)당 150~1100kJ(킬로줄) 정도지만 이온 결합의 결합 에너지는 1mol당 400~4000kJ이다. 모든 이온 결합이 공유 결합보다 강한 것은 아니지만, 그래도 이온 결합은 공유 결합보다 강한 결합이라고 볼 수 있었다.

"나는… 네가 나를 망신 준 게 화가 났어."

"미안. 나는 혼자 남겨지는 게 불안했어. 그래서 우리가 이렇게 친하다는 걸 과시하고 싶었나 봐."

"네가 왜 혼자 남겨져?"

"네가 점점 다른 친구들과 잘 지내고 할 말도 제대로 하게 되었으니까. 이제 나를 떠날 때가 되었구나, 했지."

나기는 지수의 표정을 살폈다. 그 표정엔 어떤 빈정댐도 없었다. 다소의 허탈함과 걱정, 아련함 같은 것이 전부였다.

"넌… 넌 다른 친구들도 많잖아?"

"걔들이랑 난 달라. 네가 여기 오기 전까지 난 계속 혼자서 책장을 정리하고 있었어. 어제는 과학실을 청소했고. 혼자 있는 그 시간이 난 이 학교에 있어선 안 된다고 말하는 것 같았어."

나기는 고립되는 게 무서웠다. 지수도 고립되는 게 무서웠다.

나기는 남과 다르다는 게 무서웠다. 지수도 남과 다르다는 게 무서웠다.

"…미안, 사실 아까 거짓말했어. 사회 시험을 못 본 건 맞지만 낙제점은 아니야."

"어쩐지, 난 뭐 답안지라도 밀려 썼나 했네."

"혹시 화났어?"

"아니. 네가 우리 팀의 브레인인데, 너까지 죽 쑤면 우린 망한 거지."

"…우린 앞으로도 팀인 거지?"

"그럼."

지수는 커다란 주먹을 나기의 가슴 높이로 들어 올렸다. 나기는 자신의 주먹을 지수의 주먹에 가볍게 마주쳤다. 그러자 두 사람이 있는 책장 뒤편에서 신음소리 같은 울음소리가 새어 나왔다.

"으흐흐흐흑…!"

깜짝 놀라 가 보니, 금슬이 손수건을 물고 울음을 참으며 책장에 기대앉아 있었다.

"미안해에에… 책 빌리러 왔는데 너희 목소리가 들려서… 엿들으려던 건 아닌데… 흑흑… 너무 아름다운 장면이라…"

금슬의 얼굴은 눈물 콧물로 범벅이 되어 있었다. 두 사람은 서로를 마주 보고 어깨를 으쓱했다.

이중 결합

세 사람은 카트에 남은 책들을 함께 정리하고 기숙사로 향했다. 사서는 나기가 일한 시간까지도 지수의 봉사활동 시간으로 인정해 줬다. 갑자기 생긴 보너스 시간에 함박웃음을 짓고 있는 지수에게 금슬이 물었다.

"이제부턴 뭐 할 거야?"

"나는 간만에 헬스장 가려고. 봉사활동하느라 운동 못 해서 근손실 왔을 것 같아."

"나기 너는?"

"나는 기숙사에 가서 여섯 번째 힌트에 대해 조사할 거야."

"여섯 번째 힌트라면… '우리 셋은 서로를 두 팔로 붙잡고 곧바로 날아오른다'였지?"

"응."

"잠깐만 서 봐. 셋이서 서로를 두 팔로 붙잡으면… 이런 모양인가? 너희 둘도 한번 잡아 볼래?"

금슬은 가던 길을 멈추고 지수의 손과 나기의 손을 각각 잡았다. 지수와 나기는 조금 당황한 기색이었지만 곧 서로 손을 잡아 커다란 삼각형을 만들었다.

"나도 이 생각은 해 봤는데, 이게 서로를 두 팔로 붙잡은 모양은 아닌 것 같아. 보통 두 팔로 붙잡는다면 이런 모양이잖아."

나기는 금슬의 손을 잡고 있던 지수의 손을 가져와 자신의 가슴 높이에서 두 손을 마주 잡은 자세를 취했다.

"…혹시 지금 사진 찍어도 돼?"

"미치셨어요?!"

금슬이 스마트폰을 꺼내 들자 지수는 화들짝 놀라 나기의 손을 놓고 금슬의 행동을 제지했다.

"아니, 그렇지만, 그럼 셋이 양팔로 서로를 붙잡을 수가 없잖아. 누군가의 팔이 4개가 아니고서야… 잠깐만."

〈포켓몬스터〉에 나오는 팔 4개짜리 몬스터를 떠올리던 금슬의 머릿속에서 퍼즐이 빠르게 맞춰졌다. 4개의 팔. 2개의 결합.

"드라이아이스!"

"…어? 아!"

정답을 들은 나기도 손가락을 튕기며 금슬의 의견에 공감했다. 그 모습을 지켜보던 지수가 금슬에게 물었다.

"뭔데, 설명 좀 해 줘. 나도 같이 놀라게."

"탄소는 4개의 원자가 전자를 가지고 있어. 산소는 6개의 원자가 전자를 가지고 있고. 그래서 탄소와 2개의 산소가 각각 2개의 전자를 공유하는 이중 결합을 하면 세 원자 모두 8개의 원자가 전자를 가지니 안정된 상태가 돼."

"오케이. 그런데 왜 이산화탄소가 아니라 드라이아이스야?"

"힌트 마지막에 '곧바로 날아오른다'라는 표현이 있지? 그건 아마도 고체 상태에서 기체 상태로 바로 승화하는 드라이아이스의 특징을 말하는 걸 거야. 학교에 드라이아이스가 있을 만한 곳이 어디일까?"

드라이아이스는 아이스크림 가게에서 포장용 냉각제로 많이 쓰지만 학교 매점에 드라이아이스가 있을 것 같지는 않았다.

"…나 어딘지 알 것 같아."

뭔가를 떠올린 지수가 주먹을 손바닥에 부딪치며 말했다.

다음 날, 지수는 봉사활동을 명분으로 과학실 열쇠를 받아 왔다. 이틀 전 과학실을 청소하면서 본 은색 용기가 떠올랐기 때문이다.

"여기야!"

지수는 아이들을 과학실 뒤편에 있는 시약장으로 이끌었다. 약품이 있는 시약장은 자물쇠로 잠겨 있었지만, 몇몇 실험 기구가 있는 칸은 자유롭게 이용할 수 있었다. 지수는 구석에 놓인 커다란 은색 통을 밖으로 꺼냈다. 〈플랜더스의 개〉 파트라슈가 우유를 배달할 때 썼을 것 같은 은색 통엔 선명한 빨간 글씨로 '주의. 드라이아이스'라고 쓰여 있었다. 한 손으로 가뿐히 들리는 무게에 지수는 통을 두 손으로 잡고 흔들어 봤지만 아무 소리도 나지 않았다.

"빈 것 같은데?"

"그래도 조심해. 드라이아이스는 영하 70℃ 정도라 잘못 만지면 심한 동상에 걸릴 수 있어."

금슬이 지수를 말리며 말했다.

"어? 여기!"

그때, 옆에 서 있던 지오가 드라이아이스 용기 바닥을 가리키며 소리쳤다.

줄, 나무, 고리, 입체

은색 용기 바닥에 4개의 단어가 음각으로 새겨져 있었다. 나기 일행은 일곱 번째 힌트를 발견했다.

체력단련실

일곱 번째 힌트의 답을 구하는 데는 그리 오랜 시간이 걸리지 않았다.

"정답은 탄소야."

과학실 문을 채 나서기도 전에 나기가 말했다.

"탄소는 최대 4개의 공유 결합을 가질 수 있어서 서로 사슬 모양으로 연결되기도 하고, 가지 모양으로 연결되기도 하고, 사이클로 알케인이나 벤젠처럼 고리 모양으로 연결되기도 해. 풀러렌이나 카본 나노 튜브처럼 탄소로 이루어진 입체도 있지. 그러니까 답은 탄소야."

"오…."

나기의 기막힌 추리에 친구들은 자기도 모르게 박수를 쳤다.

"그럼 탄소가 어디 있는지 찾으면 되겠네. 어디 있을까?"

리나가 반색하며 말했지만, 마땅한 의견을 내는 사람은 아무도 없었다. 잠시 고민하던 금슬이 불평하듯 말했다.

"근데 탄소는 어디에나 있는 거 아냐? 나무도, 플라스틱도, 고무도 전부 탄소로 이루어진 거잖아. 이런 벽에 칠해진 페인트도 탄소로 되어 있을 걸?"

"우리 몸도 18.5%가 탄소로 되어 있지. 좀 더 순수한 탄소로 된 물건을 찾아야 하는 걸까?"

나기가 의견을 더했다.

"다이아몬드!"

금슬이 손가락을 튕겼지만, 모두 고개를 저었다. 아무리 과학특성화중학교라도 비싼 보석의 대명사라고 할 수 있는 다이아몬드를 학교 안에 떡하니 놔둘 것 같진 않았다.

"카본 자전거! 아니면 슈퍼카!"

지수가 소리치자 옆에 서 있던 금슬이 고개를 갸웃거리며 물었다.

"탄소로 된 자전거나 자동차가 있어?"

"탄소 섬유는 가볍고 강하대. 그래서 진짜 비싼 자전거나 스포츠카 같은 데 탄소 섬유를 많이 써. 탄소 섬유는 특유의 무늬와 광택이 있어서 디자인적으로도 멋지거든."

나름 괜찮은 추리였지만 주변의 반응은 뜨뜻미지근했다. 일단 둘 다 이동 수단이고, 다이아몬드와 마찬가지로 학교 안에 그런 고가의 물건을 힌트로 놔둘 것 같진 않았다.

"큭… 큭큭."

모두의 이야기를 듣고 있던 지오가 갑자기 웃음을 터트렸다. 그 반응에 기분이 조금 상한 지수가 고개를 치켜들며 말했다.

"왜, 뭐가 그렇게 웃겨?"

"아니, 아냐, 그냥 좀 웃긴 생각이 나서…"

"뭔데?"

"우리 전에 힌트 찾았던 소 조각상 있잖아. 그걸 불로 태우면… 탄…! 소…! 크하하하하하!"

지오는 배꼽을 잡고 웃었지만, 친구들은 모두 고개를 절레절레 저었다.

2주가 흘렀다. 그사이 지수는 봉사활동 시간을 다 채우고 발레부로 복귀했다.

"자, 앉아서 양다리 옆으로 벌리고, 손을 바닥에 대고 앞으로 멀리 뻗어 보자. 호흡 내쉬면서 후-"

발레부원들은 백화란 선생의 지시에 따라 팬케이크 자세를 취했다. 지수는 몸 이곳저곳에서 느껴지는 아픔을 잊기 위해 주변을 두리번거리며 정신을 분산시켰다. 그때 바닥과 거의 한 몸이 된 리나와 그에 못지않게 납작 엎드려 있는 나기의 모습이 눈에 들어왔다.

'나기가 저렇게 유연했나?!'

나기의 모습에 자극받은 지수는 몸을 열심히 앞으로 숙였지만, 바닥까지의 거리는 멀기만 했다.

이후 연습 시간에도 나기의 활약은 눈부셨다. 일단 나기는 관찰력이 좋은 편이라 동작의 디테일을 잘 파악했고, 그것을 모두 기억할 정도로 기억력도 좋았다. 기억한 것을 몸으로 표현하는 데는 많은 시행착오와 시간이 필요했지만, 가야 할 곳을 정확히 알고 가는 것과 어디로 가야 할지 모르고 가는 것은 하늘과 땅 차이였다.

"나기는 감각이 좋은 편이구나? 몇 달 사이에 몰라보게 좋아졌네."

백화란 선생의 칭찬에 나기는 머쓱한 듯 뒷머리를 긁적였고, 금슬은 입술을 샐쭉 내밀었다. 발레부에서 평범함을 담당하던 동지가 떠나면서 자신의 입지가 더 초라해졌기 때문이다. 백화란 선생은 나기의 가늘고 긴 팔을 만져 보며 말했다.

"근력만 좀 더 붙으면 파드되(pas de deux) 연습도 할 수 있겠는데."

"파드되가 뭐예요?"

"파드되는 남녀가 쌍으로 추는 춤이야. 일반적으로는 사랑의 춤이지."

파드되. 발레를 배우면서 좀처럼 익숙해지지 않는 것 중의 하나가 프랑스어였지만, 이 단어 하나만큼은 나기의 기억에 분명하게 남았다. 조금만 더 노력하면 리나와 함께 춤을 출 수 있을지도 모른다. 나기는 순간 가슴이 뜨거워지는 것을 느꼈다.

특별활동이 끝나고 기숙사로 돌아가는 길에 지수가 나기에게 어깨동무를 하며 말했다.

"이야, 등잔 밑이 어둡다더니. 미래의 발레리노가 여기 있었네."

"무슨 발레리노씩이나…."

"야, 두 달 만에 그렇게 할 수 있으면 그게 재능 아냐?"

나기는 지수의 칭찬이 싫지 않았다. 자신이 생각해도 두 달 전과 비교하면 달라진 부분이 많았다. 일단 거북목이 거의 없어졌고, 굽었던 어깨도 펴졌다. 그것만으로도 나기의 인상은 예전과 많이 달라 보였다.

'좀 더 달라지고 싶다.'

나기는 생각했다.

"근력을 키우려면 어떻게 해야 해?"

"기본적으로는 스쿼트, 턱걸이, 푸시업, 플랭크. 이 4개지."

"달리기는?"

"유산소는 일단 저 4개를 하고 시간이 남으면 하는 거야."

"으음…. 다른 건 그렇다 쳐도 턱걸이는 1개도 못할 것 같은데…."

"그럴 땐 랫 풀 다운이 도움이 될 텐데. 같이 헬스장이라도 다닐래?"

다음 날, 나기는 지수와 체력단련실을 찾았다. 입학 후 한 번도 온 적 없었고 앞으로도 올 일은 없으리라 생각했던 곳이었다. 나기는 인생에서 큰 전환점을 마주한 것 같은 기분으로 체력단련실의 문턱을 넘었다.

입구에서 나기를 처음 맞이한 건 커다란 숯 장식물이었다. 학교 책상 정도 크기의 받침대에 커다란 숯을 쪼개 나란히 박아 놓은 장식물은 언뜻 보면 주상절리 같기도 했고, 거대한 산의 축소판처럼 보이기도 했다. 조각 뒤에는 '나무는 까맣게 탄 숯이 되어야 하얗게 타오를 수 있다'라는 서예 작품이 걸려 있었다.

"야, 뭐 해? 가자."

지수는 입구에 멈춰 선 나기를 불렀지만, 나기는 이미 생각에 빠져 있었다. 지수는 나기가 무엇에 꽂혔는지 주변을 두리번거렸지만 매일 보던 숯 장식 외에 특별한 건 없어 보였다.

"…이거야."

"어?"

"우리가 찾던 탄소! 숯은 나무를 불완전 연소시켜서 탄소 성분만 남긴 거야. 숯은 수분을 제외하면 거의 95%가 탄소로 되어 있거든."

"와, 이것도 진짜 등잔 밑이 어두웠네."

지수가 감탄하는 사이 나기는 조심스럽게 고개를 내밀어 장식물의 뒷면을 살폈다.

AGGCTTA___

"…찾았다."

여덟 번째 힌트를 발견한 나기는 어서 빨리 이 소식을 친구들에게 전하고 싶었다.

"미안, 운동은 다음에!"

"누구 마음대로?"

지수는 평소 나기의 돌발적인 행동을 잘 받아줬지만, 오늘만

172

큼은 예외였다. 이번에야말로 나기에게 근성장의 즐거움을 알려 주겠다는 열정이 지수의 두 눈에 불타올랐다. 지수는 나기를 번쩍 들어 어깨에 메고 체력단련실 안으로 들어갔다.

생물

다음 날, 나기는 난생처음 지옥 같은 근육통 속에 눈을 떴다. 손끝부터 발끝까지 모든 근육이 움직이는 기능을 잃고 납덩이로 변한 것 같았다. 만약 운동 강도를 스테이크 굽기에 비교한다면 지금 자신은 체력단련실 입구에 있던 숯 장식 정도로 구워진 상태일 것이다.

후들거리는 다리로 침대에서 내려오다가 우당탕 바닥을 구른 나기는 진지하게 학교를 쉬어야 하나 고민했지만, 책상 앞에 붙여 놓은 시간표를 보고 마음을 고쳐먹었다. 오늘은 나기가 제일 좋아하는 과학 수업이 있는 날이었다.

"생물이란 무엇인가?"

공위성 선생은 언제나처럼 입구로 들어서며 불쑥 이야기를 시작했지만, 그 뒤로 한동안 반 전체를 가만히 응시하고 서 있었다. 질문인지 뭔지 몰라 아이들이 공위성 선생과 서로의 눈치를 살피고 있을 때 인자가 손을 들고 대답했다.

"물질대사를 하고 자극에 반응하며, 자신과 닮은 자손을 낳는 존재입니다."

아이들 사이에서 짧은 감탄이 흘러나왔다. 얼핏 생각해도 인자가 내놓은 것 이상으로 생물을 명쾌하게 정의할 수 없을 것 같았다. 아이들 사이에 웅성거림이 지나가자, 공위성 선생은 주머니에서 라이터를 꺼내 불을 켜 보였다.

"이 불은 산소를 소비하고 이산화탄소를 내놓는다. 불면 흔들리고, 다른 곳에 옮겨붙어 늘어날 수도 있다. 이 불은 생물인가?"

"…아닙니다."

"수컷 당나귀와 암컷 말을 교배해서 태어난 노새는 먹고 싸고 움직이지만 자기를 닮은 자손을 낳을 수 없다. 노새는 생물이 아닌가?"

"생물입니다."

"내가 만약 기름을 찾아 스스로 이동하고 금속을 가공해 자신과 똑같은 존재를 만들어 내는 로봇을 만든다면, 그 로봇은 생물인가?"

"…아닙니다."

인자는 당혹감에 고개를 떨구었다. 주변 아이들도 모두 숙연한 분위기에 사로잡혔을 때, 공위성 선생은 처음에 던졌던 질문을 반복했다.

"생물이란 무엇인가?"

교실에 적막함이 감돌았다. 아이들은 잠시 주변의 눈치를 살폈지만, 마냥 시간을 끈다고 해서 이 상황이 마무리될 것 같지는 않았다. 아이들은 곧 저마다의 의견을 보탰다.

"스스로 판단하고 행동하는 존재입니다."

"방금 그 기준에 따라 각종 식물과 해면 동물 등이 생물의 자격을 박탈당했다."

"자기 복제를 통해 성장하고 언젠가 죽는 존재입니다."

"지중해에 사는 홍해파리는 수명이 다하면 폴립 상태를 거쳐 다시 어린 상태로 되돌아간다. 천적에게 먹히거나 환경이 급격히 변하지 않는 한 홍해파리는 죽지 않는다."

다소 긴장된 분위기에서 시작한 수업이었지만, 아이들은 조금씩 이 문제에 흥미를 느끼기 시작했다. 당연하게 구분할 수 있다고 믿었던 생물과 무생물이 이토록 정의하기 어려울 거라고는 아무도 생각해 본 적이 없었다. 아이들과 한참 갑론을박을 이어가던 공위성 선생이 나기의 책상 앞에 멈춰 섰다.

"너, 100점."

"??!"

흥미롭게 이야기를 듣고 있던 나기는 순간 등골이 쭈뼛 서도록 놀라 공위성 선생을 쳐다봤다. 공위성 선생은 잠시 나기의 이름을 떠올리려 애쓰는 듯했지만, 이내 포기한 듯 가볍게 콧숨을 내쉬고 나기의 얼굴을 보며 물었다.

"…생물이란 뭐지?"

나기는 떠올렸던 생각 중 이미 반박된 것들을 가지치기하듯 빠르게 없앴다. 생각의 곁가지들이 모두 잘려 나가고 마지막까지 남은 결론은 무척이나 단순하고 건조한 것이었다.

"유전 물질에 새겨진 명령을 수행하는 유기물입니다."

공위성 선생은 잠깐 턱을 쓰다듬으며 생각에 잠겼다가 곧 나기의 눈을 똑바로 쳐다보며 물었다.

"…너, 이름이?"

"주나기입니다."

공위성 선생은 '흠-' 하고 의미를 알기 힘든 소리를 내더니 교탁 앞으로 돌아갔다.

"2016년 미국 크레이그 벤터 연구소는 생명체에 필요한 기본적인 유전자 470여 개로 이루어진 인공 세포를 만들어 냈다. 이 세포는 영양분을 공급하자 곧 단백질을 합성하고 세포막을

형성했으며, 새로운 딸세포를 만들어 냈다. 생물을 유전 물질에 새겨진 명령을 수행하는 유기물로 본다면, 이것은 엄연한 생물이다."

공위성 선생은 처음으로 분필을 들어 칠판에 필기를 했다.

JCVI-syn3.0

"이것이 인간의 손으로 처음 만들어 낸 생명의 이름이다. 기억해 두도록."

그 한마디를 남기고 공위성 선생은 교실 밖으로 나갔다. 갑작스러운 공위성 선생의 퇴장에 아이들은 당황했지만 몇 초 지나지 않아 수업 끝을 알리는 종소리가 울렸다.

"이것이 인간의 손으로 처음 만들어 낸 생명의 이름이다. 기억해 두도록. 아웅 멋있어~~!!!"

점심시간에 모여 앉은 자리에서 금슬은 공위성 선생 흉내를 내며 몸을 배배 꼬았다.

"오늘 수업은 좀 재미있었어. 뭔가 생각할 거리도 있고."

오늘만큼은 지수도 금슬의 의견에 동의했다. 하지만 평소 과학 시간 이야기가 나오면 신나서 떠들던 나기는 조용하게 음식을 깨작거리고 있었다.

"뭔가 신경 쓰이는 일이라도 있어?"

리나가 물었다.

"아냐, 그냥. 정말 생물은 유전 물질에 새겨진 명령을 수행하는 유기물일 뿐일까 싶어서."

나기가 처음 생각했던 생물의 정의는 자극과 반응, 적응, 성장, 진화 같은 것들이었다. 하지만 오늘 수업에서 얻은 결론은 그보다 더 기계적이고 삭막했다.

"질문 자체가 인간이 아닌 생물 전체에 대한 거니까. 모든 생물을 다 아우를 수 있는 정의가 필요했던 거지."

지오가 손에 들고 있던 숟가락으로 공중에 원을 그리는 시늉을 하며 말했다.

"인간의 DNA 정보라고 해 봤자 CD 1장 정도밖에 안 되는데, 우리 행동을 전부 그걸로 설명한다는 게 말이 되냐?"

"진짜? 사람 유전자 정보가 그것밖에 안 돼?"

지오의 말에 금슬이 화들짝 놀라며 물었다. 이런 이야기에 대해 가장 믿을 만한 정보원은 나기였기에 아이들의 시선은 자연스럽게 나기에게 쏠렸다.

"사람의 DNA는 아데닌, 구아닌, 시토신, 티민 네 종류의 염기로 되어 있고, RNA엔 티민 대신 우라실이 존재해. 46개의 유전자에 총 32억 쌍의 염기 서열이 있지만 아데닌은 티민, 구아닌은 시토신과 쌍으로 결합하니 한쪽 염기 서열만 알면 반대쪽은 자동으로 알 수 있어. 그럼 각 자리를 2bit(비트)로 표현할 수 있으니까 전체 염기는 64억bit, 이걸 메가바이트(MB)로 환산하면 760MB 정도야. CD 1장이 700MB니까 대략 CD 1장이라고 볼 수 있지."

영화 한 편도 수 기가바이트(GB)를 넘는데 사람의 유전자가 760MB라니. 너무나 의외의 설명에 아이들은 놀란 입을 다물지 못했다. 조금 어정쩡해진 분위기를 녹이기 위해 나기는 체력단련실에서 찾은 여덟 번째 힌트 이야기를 꺼내 들었다.

"아, 말하는 걸 깜빡했는데, 어제 지수랑 체력단련실 앞에 있는 숯 장식 뒤에서 여덟 번째 힌트를 찾았어. 분명 AGGC TTA⋯."

말을 꺼내는 순간, 조금 전에 말했던 내용들과 여덟 번째 힌트가 나기의 머릿속에서 번개처럼 연결되었다.

"AGGCTTA⋯ 아데닌, 구아닌, 구아닌, 시토신, 티민, 티민, 아데닌. 분명 DNA 염기 서열이야. 우리는 이 뒤에 올 3개의 염기 서열을 찾아야 해."

다섯 사람은 한동안 머리를 맞대고 궁리했다. 학교 안에서 찾을 수 있는 DNA가 어디 있을까?

"DNA 하면 떠오르는 게 뭐가 있지?"

금슬의 질문에 아이들은 저마다 떠오른 키워드를 말했다.

"유전."

"복제."

"세포핵."

"나선."

여기저기서 튀어나온 키워드 중 금슬을 사로잡은 단어는 나선이었다.

"나선! 나 학교에서 나선 계단 본 적 있어!"

금슬은 음악실과 밴드부실이 있는 화성관 건물의 옥상에서 땅까지 이어진 나선 모양의 비상 계단을 떠올렸다. 계단 구조상 DNA 나선과 완전히 같은 모양은 아니었지만, 그래도 일단 확인해 볼 가치는 있을 것 같았다.

"가 보자!"

나선 계단

화성관 뒤편 비상 계단에 도착한 아이들은 금슬의 추측이 맞았음을 직감했다. 모든 계단의 양쪽 절반이 다른 색깔로 칠해져 있었다. 흰색은 빨간색과, 노란색은 파란색과 함께 칠해져 있었다.

"흰색, 빨간색, 노란색, 파란색이 각각 하나의 염기를 표현하는 걸 거야. 우린 이 중에 AGGCTTA 순서인 곳을 찾으면 돼."

나기는 속으로 빠르게 경우의 수를 나눴다. 네 가지 염기에 네 가지 색깔을 1:1로 대응시키는 방법은 스물네 가지지만 흰-빨, 노-파의 상보적 결합을 고려할 때 총 경우의 수는 여덟 가지. 이것을 실수 없이 변환하려면….

나기가 생각에 빠져 있는 동안 지오는 가방에서 노트북을 꺼내 빈 문서 창에 숫자를 적으며 계단을 올라갔다.

"흰색은 1, 빨간색은 2, 노란색은 3, 파란색을 4로 놓으면… 1, 4, 2, 3, 2, 3…."

"음, 이거야!"

한참 후 나기가 나름 최적의 알고리즘을 떠올렸을 때, 아이들은 지오의 노트북 앞에 옹기종기 모여 있었다.

"여기서 If 함수로 각 숫자를 알파벳에 대응시키는 거야."

"오…."

지오는 엑셀 프로그램을 이용해 계단 양쪽의 색깔 배치를 염기 서열로 자동 변환하는 함수를 짜고 있었다.

"이렇게 해서 영역 선택을 해 주면… 짠! 각 경우의 염기 서열을 구할 수 있어. 이제 이걸 각각 한 줄로 붙이고 AGGCTTA를 검색하는 거야. 찾았다! 다음 서열은 CGC야!"

"CGC? CGC가 뭐지? 누군가의 이니셜인가?"

금슬은 고개를 갸웃거리며 자신이 알고 있는 이름을 대입해 봤다.

"천상천 교장 선생님 아버지 성함이 천지창이라고 했는데…. '지'는 보통 J를 쓰겠지? 설마 천G창인가?"

"푸웃! 천G창… 크크크크…."

금슬의 추리에 지오는 혼자 웃음을 터트렸다. 한참 배꼽을 잡고 웃던 지오는 눈가에 눈물이 고인 채 간신히 말을 이었다.

"CGC라면 거기잖아… 컴퓨터 게임 센터."

과학특성화중학교엔 홈페이지에서 예약제로 운영되는 장소가 몇 군데 있었는데, 대표적인 장소가 리나와 나기가 공부하던 토론실과 컴퓨터 게임 센터였다. 이 센터에는 최신 게임을 할 수 있는 고사양 컴퓨터 12대가 비치되어 있었다. 한 번에 최대 두 시간씩 일주일에 여섯 시간만 예약할 수 있었고, 황금 시간대엔 예약 경쟁이 치열했다.

"그럼 이제 어디를 찾아봐야 하는 거지?"

저녁 시간에 센터를 방문한 다섯 사람은 출입구 밖에서 분위기를 살폈다. 센터 안은 이미 자리를 잡고 게임에 몰두하고 있는 아이들로 가득했다.

"일단 지금까지의 경험에 비춰 보면…. 가장 유력한 건 간판이겠지?"

지수는 옆에 있던 나기를 번쩍 들어 어깨 위에 앉혔다.

"어때, 뭐 좀 보여?"

"…어, 찾았어."

나는 안개 속에서 모든 속박을 거부한다.

센터 표지판 위에 쓰여 있던 아홉 번째 힌트를 읽고 내려오며 나기는 복잡한 마음이 들었다. 영상 속 발레리노들은 지수처럼 발레리나를 번쩍 들어 올리는데, 어제 체력단련실에서 자신은 10kg 남짓한 무게를 들고 녹초가 되어서 나왔기 때문이었다.

'나도 언젠가 리나를 이렇게 들 수 있을까?'

아이들이 아홉 번째 힌트에 대해 논의하는 동안에도 나기는 알이 배어 볼록하고 단단해진 팔 근육을 만지며 이게 진짜 자신의 근육이었으면 좋겠다고 생각했다.

이후 몇 주 동안 나기는 힌트 찾기보다 운동에 더 빠져 있었다. 특별활동 시간엔 리나와 발레를 했고, 그 밖의 시간엔 지수와 운동을 했다.

"지각을 구성하는 물질 중 가장 많은 원소는?"

"산소!"

"그럼 사람을 구성하는 원소 중 가장 많은 원소는?"

"그것도 산소!"

지수는 체력단련실 벤치에 누워 바벨을 들어 올리며 나기의 질문에 답했다. 본래 시험 기간이 아닐 땐 공부를 하지 않는 지

수였지만 봉사활동 시간을 채우느라 운동을 못 하는 상황은
두 번 다시 겪고 싶지 않았다.

"건강한 육체, 건강한 정신, 가즈아아아아!!"

"그렇지! 하나 더!"

지수와의 운동 시간도 즐거웠지만, 그보다 더 기대되는 건 특
별활동 30분 전 리나와의 발레 시간이었다. 나기가 나비 자세
를 취한 채 몸을 앞으로 숙이자, 리나가 그의 등을 눌러 주며
말했다.

"많이 좋아졌네. 그럼 좀 더 눌러 볼게. 너무 아프면 말해."

리나는 뒤에서 말을 타듯 나기의 등에 올라가 양쪽 무릎으로
그의 무릎을 눌렀다. 그러고는 두 손으로 나기의 등을 바닥으
로 눌렀다. 곧 나기의 양쪽 무릎은 바닥에 완전히 붙었고, 턱도
발끝에 붙을 정도로 바닥에 가까워졌다.

"와, 너 정말 유연하구나?"

리나는 나기의 등을 누르며 감탄을 금치 못했다. 리나도 어릴
때부터 발레를 했지만, 이렇게 빨리 유연해지는 경우는 그리 흔
치 않았다.

"괜찮아?"

"어… 으응… 아직 괜찮아."

나기는 빨갛게 상기된 얼굴로 고개를 끄덕였다. 얼굴이 이렇게 터질 듯이 뜨거운 건 자세 때문이 30%, 아픔 때문이 30%, 나머지 40%는 설렘 때문인 것 같다고 생각했다.

시험 공부

기말고사가 얼마 남지 않은 어느 날 과학 시간, 1학년 3반은 운동장에 모이라는 공지를 받았다.

"과학실도 아니고 웬 운동장?"

아이들은 웅성거리면서도 시간에 맞춰 운동장에 모였다. 운동장 한쪽엔 일렬로 놓인 10개의 모닥불이 타오르고 있었다.

"오늘의 수업 주제는 연소다. 연소는 산소와 물질이 빠르게 결합하는 화학 과정이다. 연소에 필요한 세 가지는 뭐지?"

'연료' '발화점 이상의 온도' '산소' 같은 대답이 이곳저곳에서 나왔다.

"맞다. 대부분의 화재는 세 가지 원인 중 하나만 제거해도 멈출 수 있다. 오늘은 여러 화재 원인과 대처 방안에 대해 공부할 것이다. 화재의 종류는 크게 다섯 가지로 나눌 수 있다. A-

일반 화재, B-유류 화재, C-전기 화재, D-금속 화재, K-주방 화재다. 지금 타고 있는 나무는 A 화재다. 어떻게 하면 이 불을 끌 수 있을까?"

"물을 뿌립니다."

"정답. 물은 효과적으로 온도를 낮춰서 불을 끈다. 하지만 기름에 불이 붙었을 때 물을 뿌리면 기름이 물에 떠 화재가 더 퍼질 수 있고, 금속 화재에 물을 뿌리면 폭발할 수 있으니 이런 화재엔 물을 뿌리면 안 된다. 저기 물이 있으니 꺼 보도록."

답을 말한 학생은 쭈뼛거리며 걸어 나와 양동이에 있는 물을 근처에 있는 모닥불에 부었다. 생각보다 엄청난 양의 연기가 솟았지만 불은 곧 잦아들었다. 연기 냄새를 맡은 몇몇 아이들이 기침을 했다. 상황이 정리되자 지오가 손을 들고 말했다.

"모래로 덮습니다."

"정답. 모래는 산소를 효과적으로 차단하는 수단이다. 충분한 양의 모래만 있다면 거의 모든 소규모 화재에 효과적이다. 앞에 모래가 있으니 꺼 보도록."

지오는 모닥불 앞에 놓인 삽을 이용해 모래를 퍼서 뿌렸다. 처음 한두 번은 별 효과가 없는 듯했지만, 모래를 연거푸 끼얹자 불은 곧 빠르게 잦아들었다. 지오는 삽을 어깨에 진 채 자리로 돌아왔다. 그 모습이 너무 잘 어울려서 금슬은 실소를 터트렸다.

"소화기를 이용합니다."

인자가 손을 들고 말했다. 생물에 관한 수업 이후 인자가 과학 시간에 답을 한 건 이번이 처음이었다.

"정답이다. 여러분이 주변에서 흔히 볼 수 있는 이 소화기는 ABC 소화기로, 안에 소화 분말이 들어 있기 때문에 금속 화재를 제외한 화재에 사용할 수 있다. 바람을 등진 위치에서 안전핀을 뽑고 호스를 불 쪽으로 향한 뒤 손잡이를 강하게 쥔다. 이해되었으면 해 보도록."

인자는 당당한 걸음으로 모닥불에 다가가 소화기로 불을 껐다. 마치 여러 번 해 본 것 같은 능숙한 모습이었지만 그의 가슴은 긴장과 흥분으로 두근거렸다.

"이렇게 끄면 된다. 아직 남은 소화기가 있으니 원하는 사람들은 직접 해 봐라."

공위성 선생의 말이 끝나기가 무섭게 지수를 비롯한 몇몇 아이들이 앞다투어 소화기를 향해 달려갔다. 남아 있던 7개의 모닥불이 꺼지면서 운동장은 연기와 소화 분말로 한바탕 난리가 났다.

"만약 화재가 났을 때, 여러분의 곁에 불을 끌 수단이 있다면 이렇게 대응하면 된다. 그런데 만약 적절한 수단이 없다면 어떻게 해야 할까?"

"119에 신고합니다!"

"틀렸다."

누군가가 자신 있게 외쳤지만 돌아온 답은 예상 밖이었다.

"가까운 소화기나 소화전을 찾습니다!"

"틀렸다."

"큰 소리로 불이 난 사실을 알립니다!"

"틀렸다."

계속된 오답에 구령대에 모여 앉은 아이들이 모두 조용해졌다. 공위성 선생은 아이들을 천천히 둘러본 뒤 분명한 목소리로 말했다.

"우선 안전한 곳까지 도망쳐라. 일단 도망치면서 119를 부르거나 도움을 청해라. 여러분이 확실하게 불을 끌 수 있는 상황이 아니라면, 최대한 빨리 그곳에서 벗어나라. 그게 첫 번째다. 기억하도록."

수업 끝을 알리는 종이 울리고, 공위성 선생은 아이들에게 교실로 돌아가라는 의미로 손을 들어 보였다. 아이들이 흩어진 뒤에도 공위성 선생은 연기가 피어오르는 운동장에 홀로 서 있었다. 나기는 그 모습이 어쩐지 무척 쓸쓸해 보였다.

얼마 후, 기말고사가 찾아왔다.

시험을 준비하는 과정은 중간고사 때와 비슷했다. 토론실에서 나기와 공부하던 리나는 지친 듯 책상에 엎드리며 앓는 소리를 냈다.

"아, 힘들어. 잠깐만 쉬자."

"응."

리나가 책상에 엎드린 채 아무 움직임이 없자, 나기는 가방에서 책을 꺼내 읽기 시작했다. 책장을 넘기는 소리에 리나는 고개를 돌려 책 표지를 봤다. 학교 공부와는 전혀 상관없는 심리학 책이었다.

"넌 내일모레가 시험인데도 그런 책을 보는구나?"

"어? 응. 전부터 보던 거라서."

"재미있어?"

"아니."

"그럼 왜 보는 거야?"

"…알고 싶어서."

"어떤 게?"

'사람의 마음'이라고 답하려던 나기는 순간 말을 삼켰다. 초등학교 내내 나기는 자신의 마음이 다른 사람과 다르다는 생각을 많이 했다. 많은 이가 다른 사람의 마음을 바로 눈치채거나 공감하지 못하거나 하는 건 비정상이라고 했다. 하지만 모두가 자연스럽게 자신과 다른 사람의 마음을 잘 안다면 왜 심리학이라는 학문이 있는 건지 이해하기 어려웠다.

"…그냥, 모든 게."

나기는 적당히 말끝을 흐렸다. 나기의 눈은 다시 책을 보고 있었지만, 이미 모든 신경은 리나의 다음 말에 쏠려 있었다. 리나와 함께 있을 때 나기는 다른 일에 집중하는 게 무척이나 어려웠다.

"넌 정말 천재 같아."

리나의 한마디에 나기의 심장이 거세게 뛰었다. 좋은 의미로도 비꼬는 의미로도 천재라는 말에 익숙한 나기였지만, 리나의 한마디는 지금까지 들은 백 마디 말과는 다른 울림이 있었다.

"…나, 음료수 사 올게."

나기는 빨갛게 달아오른 얼굴을 옷소매로 가리고는 토론실 문을 나섰다.

100점

기말고사가 끝나고 각 과목 점수가 공개되기 시작했다. 인자는 모든 과목 점수에 촉각을 곤두세우고 있었지만 겉으로는 의연한 듯 자리를 지켰다. 어차피 곧 아이들이 인자의 점수와 다른 반 1등의 점수를 열심히 비교 분석하며 떠들어 댈 것이기 때문이다.

"과학 나왔다!"

교무실에 갔던 한 아이가 종이에 길게 뽑은 간이 성적표를 들고 뛰어왔다. 지금까지 자리를 지키던 인자도 이번만큼은 참지 못하고 자리에서 일어나 교실 뒤로 향했다.

'21번 이인자 100점'.

가채점 때 이미 확인했던 점수지만, 공식적으로 발표된 점수를 보는 것은 또다른 짜릿함이 있었다. 하지만 지금 인자의 최대 관심사는 다른 곳에 있었다.

'23번 주나기 99점'.

이번 시험에서 나기는 보너스 문제로 나온 OX 퀴즈 하나를 틀렸다. 이산화탄소 소화기를 이용해 금속 화재를 진압할 수 있다는 지문에서 나기는 O를 택했지만 초고온으로 타는 금속 화재에 이산화탄소를 뿌리면 온도 차이로 인해 폭발이 일어날 수 있었다. 또한 마그네슘 같은 금속은 이산화탄소에 있는 산소를 빼앗아 연소할 수 있으므로 금속 화재엔 이산화탄소 소화기를 쓸 수 없었다.

"그렇지!!"

인자는 자기도 모르게 두 주먹을 불끈 쥐며 몸을 앞으로 숙였다. 인자가 이런 식으로 감정을 표현하는 건 무척이나 드문 일이었기에 주변 아이들은 당황했지만, 이내 '축하해'라거나 '오올~' 정도의 반응을 보였다.

인자는 주변의 반응에 조금 민망해하며 성적표를 둘러싼 아이들 가운데서 나기의 얼굴을 찾았지만 보이지 않았다. 한참을 두리번거리던 인자는 지수와 창가 근처에서 수다를 떨고 있는 나기를 발견했다. 인자는 주머니에 두 손을 넣은 채 한껏 뽐내는 자세로 나기에게 다가갔다.

"야, 99점."

"이렇게 당길 때 견갑골이 계속 내려가 있어야 한다고?"

인자가 나기를 불렀지만, 나기는 지수와 운동 이야기를 하느라 정신이 팔려 있었다.

"야, 99점."

"그렇지만 이렇게 팔을 들면 어깨가 따라가잖아?"

"야, 주나기!"

"어? 어? 응, 무슨 일이야?"

나기가 화들짝 놀라 고개를 돌렸다. 인자는 머리끝까지 화가 나 얼굴색이 변할 지경이었지만, 최대한 티내지 않으려 노력하며 말을 이어갔다.

"이제 과학 시간에 100점이라고 못 불려서 어떡하냐?"

"어, 응? 뭐, 어쩔 수 없지."

"…그게 다야?"

"어… 음… 걱정해 줘서 고마워…? 너는 시험 잘 봤니?"

"그래, 이제부턴 내가 100점이야."

"축하해. 많이 노력했구나?"

인자는 나기의 반응에 뭔가가 뚝 하고 끊어지는 기분이 들었다. 지금까지 계속 부정하고 부정했던 공위성 선생의 한마디가 귓가를 떠나지 않았다.

'자기 순위에 따라 기분이 바뀐다면 그건 부당함에 대한 분노

가 아니라 열등감이다.'

"너… 너…!"

인자의 얼굴이 심하게 일그러지기 시작했다. 나기는 반복된 연습으로 사람의 표정을 잘 읽었지만, 지금 인자의 표정은 뭐라 정의하기 힘들었다. 슬픔, 실망 등 여러 감정이 스쳐 지나갔지만 그중 가장 강하게 드러난 건 '원망'이었다. 당황한 나기는 지수와 인자의 눈치를 번갈아 살피다가 어렵게 말을 꺼냈다.

"…인자야. 예전부터 우리 사이에 어떤 오해가 있는 것 같은데. 입학식 날 2인자 드립을 친 건 내가 아니라 지수거든. 그것 때문에 나를 너무 미워하진 않았으면 좋겠어. 지수 너도 얼른 인자한테 사과해."

"어? 어, 미안하다. 유치하게 이름 가지고 놀려서."

갑자기 튄 화살에 지수는 당황했지만 이내 진심 어린 표정으로 인자에게 사과했다. 하지만 인자의 표정은 점점 차갑게 식었다. 망연자실해 보이던 인자의 눈가에 갑자기 눈물이 솟았다.

"어우, 야, 그것 때문에 그렇게 마음이 상했구나. 진짜 미안해. 나는 진짜 네가 바로 뒤에 있는 줄 몰랐어. 물론 안 들린다고 그래도 되는 건 아니지만…"

지수는 당황해서 인자의 어깨를 다독이려 했지만 인자는 거친 손길로 지수의 손을 쳐 냈다. 인자는 그럴 리 없다는 표정으로 나기에게 바싹 다가가 물었다.

"너는, 내가 그것 때문에 너를 싫어한다고 생각했어?"

"어? 아니었어? 그럼 왜…."

"너는, 너는 진짜로, 내가… 나를 기억조차 안 했어?"

"기억하고 있었잖아. 입학식 때….'

"그때 말고!!"

인자의 목소리가 교실을 쩌렁쩌렁하게 울렸다. 교실 전체에 적막함이 깔린 가운데, 인자의 눈에서 눈물 한 방울이 툭 하고 떨어졌다.

"나는 네가… 정말로 싫다."

인자는 그 한마디를 남기고 교실을 떠났다. 혹시 모를 상황에 대비해 방어 자세를 잡고 있던 지수는 황당하다는 듯 어깨를 으쓱거리며 자세를 풀었다.

라이벌

비틀거리며 방에 돌아온 인자는 침대 위에 푹 하고 쓰러졌다. 지금까지 지켜 온 자신의 이미지가 한순간에 무너진 것보다 지금은 마음의 상처가 더 아팠다.

인자는 언제나 '영재' '수재' '천재' 등의 수식어와 함께했다. 영어 유치원에서도, 영재들만 들어간다는 수학 학원에서도, 유명한 사립 초등학교에서도 인자는 언제나 1등이었다.

초등학교 3학년 과정부터 있는 경시 대회에 2학년 때 나가 전국 2등에 입상했을 때, 인자의 위상은 하늘을 찔렀다. 2학년 때 이미 2등이라니, 3학년 때 1등은 따 놓은 당상이라며 주변 어른들은 인자를 추켜세웠다. 그해 1등이 유명하지도 않은 학교 출신의 2학년이라는 게 밝혀지기 전까진.

인자는 시상식 날 본 나기의 모습을 한시도 잊을 수 없었다.

나기는 시상식 내내 정사면체 모양의 이상한 큐브를 이리저리 돌리고 있었다. 시상식 따위엔 관심도 없어 보이는 모습에 인자는 나기가 가족이나 친구의 시상식에 억지로 끌려온 거라고 생각했다. 하지만 인자가 당당한 모습으로 2등 상을 수상하고 내려왔을 때, 나기는 어머니로 보이는 사람의 손에 들리다시피 해서 시상대로 향했다.

"특상, 노말초등학교 2학년 주나기."

3학년 대회의 1등과 2등이 모두 2학년이라는 사실에 객석은 웅성거렸다. 하지만 시상대 위에서 자신의 이름이 불리고 눈앞에 상장이 내밀어졌을 때조차 나기는 큐브 맞추기에 열중하고 있었다. 시상대 위에서 어쩔 줄 몰라 하던 나기 어머니의 얼굴을 인자는 지금도 기억했다. 결국 상장은 어머니가 전달받았고, 그녀는 시상자와 객석 방향으로 고개를 여러 번 숙인 뒤 나기를 끌고 자리로 돌아왔다.

자리에 돌아와서도 나기는 큐브 맞추기에 열중했다. 한참을 이리저리 돌리더니 어느덧 모든 면이 같은 색깔로 맞춰졌다.

"…아, 맞췄다. 엄마, 이것 봐요."

"어, 그래. 잘했네."

나기는 자랑스럽게 큐브를 내밀었지만, 어머니는 머리가 아프다는 듯 찡그린 표정으로 눈을 감은 채 영혼 없는 말투로 대답했다. 그녀의 다른 반응을 기다리던 나기는 잠시 풀이 죽었지만, 곧 주변을 두리번거리다 자신을 쳐다보고 있는 인자와 눈이 마주쳤다.

"이것 좀 섞어 줄래?"

"어? 응."

갑작스러운 부탁에도 인자는 성심성의껏 큐브를 섞어 줬다.

"…난 이인자야."

꼼꼼하게 섞은 큐브를 건네며 인자는 인사했다.

"난 주나기야."

"넌 어느 학원에 다니니?"

인자가 물었지만, 나기의 관심은 이미 큐브에 쏠린 후였다. 다시 나기에게 말을 걸어 보려는 인자에게 나기의 어머니가 손을 흔들어 보이며 말했다.

"미안하다. 얘는 뭐 하고 있는 동안엔 아무 소리도 못 들어."

"아… 네."

"너도 초등학교 2학년이라며?"

"네. 우수초등학교 2학년 이인자입니다."

"나기도 너 같은 아이였으면 좋았을 텐데."

나기의 어머니는 지친 듯 쓴웃음을 지었다.

처음 큐브를 맞추는 데는 30분 이상이 걸렸지만 시간은 곧

10분으로, 5분으로 단축되었다. 큐브가 완성될 때마다 나기는 인자에게 큐브를 내밀었고, 인자는 큐브를 열심히 섞어서 나기에게 돌려주기를 반복했다. 그렇게 한 시간쯤 지나 행사가 모두 끝나고 집에 돌아갈 시간이 되었다.

"나기야, 집에 가자."

어머니는 나기를 일으켜 세우려 했다. 그러나 나기는 전혀 협조적이지 않았다.

"나기야, 제발. 이제 그만하고 집에 가자."

작고 마른 체구의 어머니가 협조할 생각이 전혀 없는 아이를 일으켜 세우는 건 쉽지 않은 일이었다. 나기가 이 상태에서 벗어나길 기다리는 것도 기약 없는 일이라는 걸 그녀는 이미 질리도록 경험해서 잘 알고 있었다. 말 못하는 아기 시절에도 나기는 짧아야 한 시간, 길면 수 시간씩 한 가지 일에만 몰두하는 아이였다.

"좀! 그만 놓고 일어서!"

나기의 어머니는 그의 손에서 큐브를 억지로 잡아 빼 먼발치로 던졌다.

"어…?!"

"어서, 일어나, 집에 가자, 얼른!"

나기는 그렇게 정신이 반쯤 나간 멍한 상태로 어머니의 손에 이끌려 시상식장을 빠져나갔다.

이후 인자는 나기와 재대결하는 날을 꿈꾸며 치열하게 공부
했다. 3학년 때 인자는 같은 대회에서 1등을 하고 뛸 듯이 기뻐
했지만, 시상식장에서 나기의 모습을 찾을 수 없었다. 4학년 때
도, 5학년 때도 인자는 1등을 했지만 어디서도 주나기란 이름
을 찾을 수 없었다.

'비겁하게 한 번 이기고 도망갔어?!'

순수했던 경쟁심은 어느덧 분노가 되고, 증오가 되었다. 나기
를 이기지 못하면 그때의 패배를 지울 수 없다는 생각이 인자
를 사로잡았다. 그러다 마침내 과학특성화중학교에서 나기를
만났을 때, 인자는 드디어 기회를 잡았다고 생각했다. 하지만
첫 과학 시험에서 인자는 또다시 나기에게 졌다. 전체 시험 점
수는 인자가 높았지만, 과학특성화중학교에서 과학으로 진 건
패배라고 생각했다. 그리고 이제야 나기를 상대로 첫 승리를 거
두었는데….

"…그랬는데 이게 뭐야."

인자는 분함과 허탈함에 눈물을 뚝뚝 흘리며 베개에 얼굴을
묻었다. 문제집으로 가득한 인자의 책상 한구석엔 나기가 떨어
트리고 간 정사면체 큐브가 소중하게 놓여 있었다.

다음 날 점심시간, 나기 일행은 식당에 모였다. 첫 번째 화제
는 오늘 교실에 나타나지 않은 인자였다.

"반장은 오늘 학교를 안 나온 거야?"

"보건실에 누워 있다던데? 어디 아픈가?"

지수의 의문에 금슬이 답했다.

"어제 혼자 급발진한 쪽팔림으로 쓰러졌나?"

"시험 기간에 너무 무리한 것 같다고 하더라."

그렇게 답하는 금슬도 평소와 달리 안색이 좋지 않았다. 붉게
충혈된 눈가엔 퀭하게 그늘까지 져 있었다.

"금슬아, 너도 어디 아픈 거 아냐?"

"아냐, 이건 그냥… 드라마 보느라 그런 거야."

"드라마? 어떤 드라마?"

금슬은 최근에 영감을 준 사건이 너무 많아서 글을 쓰느라 며칠 밤을 샜다는 이야기를 할 수 없었다. 글을 쓴다고 밝히는 것도 부끄러웠지만, 최근에 홀린 듯 쓰고 있는 글은 호불호가 갈릴 수 있는 내용이었다.

"우리 시험도 끝났으니 이제 아홉 번째 힌트도 좀 풀어 보는 게 어때?"

당황해하는 금슬을 보고 지수가 화제를 돌렸다. 힌트 찾기에 가장 열심이던 나기가 최근 운동에 빠져 있는 데다 시험 기간까지 겹치면서 아홉 번째 힌트는 거의 3주째 제자리걸음이었다. 빠져나갈 곳을 찾던 금슬은 옳다구나 하고 새로운 주제에 올라탔다.

"아홉 번째 힌트가 분명… '나는 안개 속에서 모든 속박을 거부한다'였지? 거부한다는 표현을 보면 어떤 종류의 척력에 관한 내용 같은데…. '모든'이라는 표현이 걸려. 자석이든 정전기든 같은 극끼리는 밀어내고 다른 극끼리는 끌어당기잖아?"

"나는 '안개 속에서'라는 표현이 마음에 걸려. 뭔가 조건부로 발생한다는 뜻 아닐까?"

금세 막다른 길에 다다른 금슬과 지오는 나기를 쳐다봤다. 나기는 평소와 달리 식판에 음식을 한가득 받아와 꾸역꾸역 먹는 중이었다. 힘겨워 보이는 나기 옆에서 지수가 열심히 추임새를 넣어 가며 응원하고 있었다.

"그렇지, 먹는 것부터가 운동이야! 잘한다!"

아무래도 아홉 번째 힌트의 답을 찾는 길은 유독 멀고도 험할 것 같았다.

경쟁

인자는 오후 시간까지 보건실에 누워 있었다. 이렇게 학교 수업을 땡땡이친 건 태어나서 처음 있는 일이었다. 하지만 마음속에 있는 의문들에 대한 해답을 찾지 못하면 예전처럼 달릴 수 없을 거라는 생각이 인자를 붙잡았다.

'첫 번째 의문. 나는 왜 그토록 화가 났는가.'

이 의문의 답은 비교적 분명했다. 평생의 라이벌이 될 거라고 생각했던 나기에게 자신은 기억에도 없는 존재였고, 지금도 경쟁 대상이 아니었기 때문이다.

'두 번째 의문. 나는 왜 나기에게 경쟁자가 될 수 없는가?'

인자는 어제 오후부터 계속 이 질문에 대해 고민했지만 좀처럼 해답을 찾지 못하고 있었다. 처음엔 자신의 능력 부족이라고 생각했지만, 이번 기말고사에서 인자는 나기를 이겼다. 그건 인자뿐만 아니라 모두가 인정하는 사실이었다. 하지만 왜 계속 패배한 기분이 드는 걸까?

'생각해, 인자야. 넌 할 수 있어. 모든 고정 관념을 버리고 0에서부터 다시 생각해 보는 거야.'

인자는 자신이 원하던 결말과 현재의 차이점들을 하나하나 비교하고 대조한 끝에 간신히 결론에 도달했다. 가장 큰 문제는 나기에게 '졌다'라는 인식이 없는 것이었다.

인자는 나기가 자신에게 졌을 때 분해하고, 낙담하고, 복수의 칼을 갈길 원했다. 그러다 '이인자'라는 결코 넘을 수 없는 벽에 부딪히다가 결국 그 위대함을 인정하길 원했지, '많이 노력했구나' 따위의 말을 원한 게 아니었다. 노력의 결과가 아닌 인자라는 존재 그 자체, 넘어설 수 없는 천재성, 절대적 성과, 그런 것 앞에 좌절하는 나기의 모습을 보고 싶었다.

'세 번째 의문. 나기는 왜 졌다는 인식이 없는가?'

그 해답은 정말 놀랍게도, 나기가 학교 성적에 관심이 없기 때문이었다. 지금 상황은 마치 지수가 인자에게 근육으로 경쟁하겠다고 꽥꽥거리는 것과 다름없었다. 나기는 정말로 경쟁할 생각이 없는 것이다.

하지만 이제 와서 '아, 그랬구나. 쟤는 나와 싸울 생각이 없구나' 하고 끝내기엔 인자의 자존심이 용납하지 않았다. 본인의 주 종목에서 두 번이나 패배했다면, 상대방의 주 종목에서 세 번의 패배를 안겨 주면 될 일 아닌가?

'마지막 의문. 나기가 지면 분해할 만한 종목은 무엇인가?'

그날 저녁, 지수가 국어와 영어 낙제점으로 봉사활동을 가는 바람에 나기는 혼자 체력단련실을 찾았다. 나기는 지수와 함께 봉사활동을 하겠다고 했지만, 지수는 나기의 근성장이 자신의 보람이라며 극구 만류했다.

나기가 벤치 프레스에서 30㎏ 한 세트를 마치고 일어나자, 어디선가 인자가 나타나 벤치에 누웠다.

"훗, 훗, 훗, 훗, 훗!"

인자는 열두 번을 들어 올렸던 나기보다 한 번을 더 들어 올리고는 봉을 거치대에 올렸다.

"하!"

인자는 기합인지 웃음소리인지 알 수 없는 소리를 내며 벤치에서 일어났다. 나기는 인자에게 '몸은 좀 괜찮냐' 같은 인사를 건넬까 했지만, 누가 봐도 쌩쌩하고 자신감 넘쳐 보이는 그의 모습에 그냥 잠자코 있기로 했다.

"…영차."

나기가 다시 열두 번을 들어 올리고 일어나자, 인자는 이번엔 양쪽에 5kg 원판 하나씩을 더 끼우고 벤치 프레스를 시작했다. 열두 번을 힘겹게 들어 올린 후, 인자는 자리에서 일어났다.

"하!"

그날 운동 시간 내내 인자는 나기를 따라다니며 비슷한 일을 반복했다. 나기는 장비를 번갈아 쓸 수 있는 건 좋았지만, 어쩐지 평소보다 좀 더 피곤하다고 생각했다.

다음 날, 인자는 극심한 근육통 속에 눈을 떴다. 나기가 인자보다 몸집이 작긴 했지만, 한 달 이상 꾸준히 운동한 사람의 운동량을 어느 날 갑자기 체력단련실에 간 사람이 따라잡는 건 무리가 있었다. 게다가 인자는 무게든 횟수든 하나라도 이기기 위해 전력을 다하지 않았던가. 손가락 하나 까딱하기 힘든 통증 속에서 억지로 몸을 일으키며 인자는 나기의 이름을 목구멍 깊숙한 곳에서부터 긁어 올리듯 내뱉었다.

"주… 나… 기…!!"

같은 시각, 양치를 하고 있던 나기는 목덜미가 다시금 서늘해지는 기분을 느꼈다.

저녁 시간, 아홉 번째 힌트를 풀기 위한 모임에 나기가 참석했다. 예상치 못한 나기의 등장에 리나가 반색을 했다.

"어? 나기 왔네? 운동 가는 거 아니었어?"

"아니… 그… 오늘은 좀 피곤해서."

나기는 체력단련실에 나타난 인자에 대해 말할까 잠시 고민했지만, 인자가 체력단련실에 오면 안 될 이유도 없으니 굳이 말하지 않기로 했다. 나기가 자리에 앉자 금슬은 지금까지 정리된 내용을 그에게 간단히 알려 줬다.

"지금까지 나온 아이디어는 크게 두 가지야. '조건부로 발생하는 척력' 아니면 '플라스마 상태'. 플라스마 상태의 기체에는 원자핵에서 떨어져 나온 자유 전자들이 잔뜩 있으니까 속박을 거부한다는 표현과 잘 맞는 것 같아서 후보가 되었어."

나기는 한 손을 턱 밑에 가져다 댄 자세로 한동안 생각을 정리한 뒤 입을 열었다.

"플라스마도 일리가 있지만, 밝게 빛나는 번개 같은 플라스마랑 안개는 거리가 있지 않아?"

"음… 그럼 안개는 뭘 뜻하는 걸까?"

"글쎄. 일단 안개는 공기 중의 수증기가 응결한 건데, 인공적으로 안개가 생기는 건 드라이아이스나 액체 질소처럼 아주 차가운 물체가 옆에 있을 때니까…"

"그럼 '안개 속에서=저온에서'라고 생각해도 되는 걸까? 저온에서 발생하는 척력이라면…"

"마이스너 효과!"

금슬과 나기가 동시에 외쳤다. 정답을 확신하는 듯한 두 사람의 표정에 지오가 물었다.

"마이스너 효과가 뭔데?"

"마이스너 효과는 초전도체가 임계 온도 아래에서 초전도 상태가 되면 외부 자기장을 밀어내는 효과야. 초전도체 예시를 보여 줄 때 자석 위에 떠 있는 금속 조각 사진을 많이 쓰는 이유가 바로 마이스너 효과 때문이지."

나기의 설명을 들은 지오는 고개를 끄덕였지만, 여전히 문제는 있었다.

"그런데 학교 안에 초전도체가 있어? 플라스마 같은 경우엔 마녀의 구슬 같은 장식품에도 쓰이지만, 초전도체는 실제로 볼 일이 없잖아?"

"주변에서 흔히 볼 수는 없지. 하지만 여긴 과학특성화중학교 잖아!"

금슬은 뭔가 짚이는 곳이 있는 듯, 자신만만한 표정으로 자리에서 일어났다.

외로움

네 사람은 곧 목성관으로 향했다. 가는 길에 봉사활동을 마친 지수도 합류했다. 노을이 지기 시작한 교정을 따라 걸으며 리나는 나기에게 물었다.

"나기야, 초전도체가 뭐야?"

"초전도체는 임계 온도 아래에서 전기 저항이 없어지는 물질을 말해. 저항이 없으니까 전기를 흘려도 열이 발생하지 않아. 그래서 전기를 손실 없이 멀리 보내거나 엄청나게 많은 전류를 흘리는 것도 가능해."

"와, 그럼 여기저기 많이 쓰이겠네?"

"아니, 지금까지 밝혀진 초전도체들은 임계 온도가 너무 낮아서 영하 200℃의 액체 질소 같은 걸 쓰지 않으면 초전도 상태가 되지 않거든. 그래서 아직은 병원용 MRI나 입자가속기 같은 곳에서만 쓰이고 있어."

"아, 그렇구나."

"최근 네덜란드에서 섭씨 15℃에서 초전도 상태가 되는 조합을 찾아냈는데 이 경우엔 260만atm(기압) 정도의 초고압이 필요했어. 물론 이런 조건도 언젠가는 점점 완화되겠지만, 아직도 왜 초전도 현상이 생기는지를 완벽하게 설명하는 물리 이론이 없어서 많은 부분을 실험적 결과에 의존하고 있다고 해. 최근까지 가장 유력했던 이론은 BCS 모델인데…."

리나는 점점 난해해지는 나기의 설명에 자신만 이 모임에서 겉돌고 있다는 느낌을 지울 수 없었다.

'내가 없어도 이 모임은 아무 문제 없지 않을까? 나는 왜 여기 있는 거지? 이 친구들이 발레부 만드는 걸 도와줬으니까?'

리나가 생각에 잠겨 있는 동안에도 나기는 양자역학적 관점에서 초전도 현상을 설명한 BCS 이론의 기본 개념을 설명하고 있었다.

"…그래서 임계 온도 이하에서는 쿠퍼쌍을 이뤄 움직이는 전자가 포논과 충돌하지 않아 초전도 상태가 된대. 사실 이 이론의 자세한 부분에 대해서는 나도 아직 잘 몰라."

"어? 응. 그렇구나."

양자역학을 이해하지 못한다며 수줍게 말하는 나기를 보며,

리나는 초전도체가 무엇인지조차 몰랐던 자신이 유독 부끄럽게 느껴졌다.

곧 목성관에 도착한 금슬은 아이들을 청출어람실 옆에 있는 천하전자 기념관으로 안내했다. 기념관엔 창립자인 천지창 회장의 젊은 시절 사진부터 구형 트랜지스터나 다이오드 같은 물품이 설명과 함께 장식장 안에 전시되어 있었다.

"여기, 이쪽을 봐."

금슬은 '천하전자의 과거' '천하전자의 현재'를 지나 '천하전자의 미래' 코너까지 한달음에 달려갔다. 그곳엔 초전도체, 플렉서블 디스플레이, 생체 모방 소재 등에 대한 설명과 이해를 돕기 위한 모형이 함께 전시되어 있었다.

"봐봐, 초전도체! 있지? 여기 어딘가에 열 번째 힌트가 있을 거야!"

아이들은 흩어져서 다음 단서를 찾기 시작했고, 곧 지오가 진열대 아래에서 힌트를 발견했다.

"찾았다!"

심해의 흑룡은 고향을 그리워한다.

'흑룡? 블랙드래곤?'

금슬은 순간 오른팔에 흑염룡이 봉인된 포즈를 취하려다 참기로 했다.

"심해의 흑룡이라면… 블랙드래곤피시를 말하는 건가?"

"그런 물고기가 진짜 있어?!"

나기의 말에 금슬은 깜짝 놀라 되물었다.

"블랙드래곤피시는 이디아칸투스 아틀란티쿠스라고도 불리는 심해어야. 주로 태평양 깊은 바다에 살아."

"어떻게 생겼는데?"

"까만 뱀처럼 생겼고, 턱 밑에 사냥감을 유인하는 발광 기관이 긴 털처럼 달려 있어."

금슬의 질문에 나기는 허공에 S자를 그려 보이며 블랙드래곤피시의 모습을 설명했다.

"나 그거 어디 있는지 알 것 같아!"

힌트를 들은 리나가 소리쳤다.

"진짜? 학교에 심해어가 있어?"

지오는 의아해했지만 리나의 얼굴은 확신에 차 있었다. 리나는 다른 친구들만큼 과학에 관심이 있진 않았지만 학교 안에 있는 미술 작품이나 정원 살펴보는 일을 좋아했다. 리나의 기억에 따르면 분명 화성관 복도에 검은색 뱀인지 물고기인지 알쏭

달쏳한 모양의 조각상이 있었다.

"이거 맞지?"

매끈한 검은 돌로 만든 조각상은 금방이라도 하늘로 승천할 것 같은 용 모양이었고, 턱 아래 긴 털 끝엔 반짝이는 크리스털이 하나 장식되어 있었다. 작품명은 '심해의 신비'였다.

"오, 이거 맞는 것 같은데?"

지오가 제일 먼저 다가가 주변을 살피기 시작했다. 곧 다른 아이들도 지오의 뒤를 따랐다. 리나는 간만에 도움이 되었다는 생각에 우쭐해졌다.

30분 뒤, 아이들은 조각상과 바닥이 맞닿은 틈새와 주변 천장부터 조각상의 입안까지 샅샅이 뒤졌지만 마땅한 힌트를 찾지 못했다. 처음 조각상에 도착했을 때만 해도 해맑던 리나의 표정은 시간이 지날수록 어두워졌다. 힌트 찾기에 지친 금슬이 먼저 두 손을 들었다.

"얘들아, 얘 흑룡이 아니라 장어나 뭐 그런 건가 봐."

"이게 흑룡이라고 해도 이 자체가 답은 아닌 것 같아. 과학적인 것과 연관성도 없잖아."

지오도 금슬의 의견에 동의했다. 아이들은 잠시 힌트 찾기를 멈추고 근처에 있는 테이블에 앉아 다른 가능성을 찾아보기로 했다. 가장 먼저 의견을 낸 건 지수였다.

"전체 문장이 '심해의 흑룡은 고향을 그리워한다'잖아. 저걸 바다에 던져 보는 건 어때?"

"너는 왜 이렇게 생각이 매번 극단적이니?"

금슬은 진심으로 한심하다는 표정을 지으며 지수를 말렸다. 이후에도 몇 가지 아이디어가 나왔지만 정답이라는 직감이 드는 의견은 없었다.

"으- 피곤해. 오늘은 늦었으니 이만 여기서 마무리하자. 그래도 아홉 번째 힌트는 풀었잖아."

금슬이 길게 기지개를 켜며 말했다. 다른 아이들도 동의하는 듯 자기 소지품들을 챙겼다. 반면 아이들이 모두 자리에서 일어난 뒤에도 리나는 좀처럼 자리에서 일어날 줄 몰랐다. 금슬이 걸음을 멈추고 리나에게 물었다.

"리나야, 안 가?"

"나는… 조금만 더 생각하다 갈게."

"어? 그럼 나도…."

"아니야. 정말 금방 갈 거니까 먼저 가."

나기가 리나 옆에 다시 앉으려 했지만, 리나는 손을 저어 나기를 말렸다. 리나는 잠시 혼자 있는 시간이 필요했다.

숨겨진 해답

아이들이 복도 저편으로 사라진 뒤, 리나는 다시 한번 블랙
드래곤피시 조각상 앞에 섰다. 조각상은 지금도 물속을 헤엄치
는 듯 생생한 모습이었지만 주변 어디에도 물은 보이지 않았다.

"너도 고향이 그립니?"

리나는 자기도 모르게 조각상에게 말을 걸었다.

"나도… 나도 고향이 그리워."

리나는 모든 게 완벽했던 3년 전을 떠올렸다. 화목했던 가족,
걱정 없는 매일. 주말이면 발레 공연을 보거나 친구들과 새 발
레복을 보러 다녔다. 다음 콩쿨에선 어떤 옷을 입고, 언제쯤 토
슈즈를 신을 수 있게 될지가 인생에서 가장 큰 고민이던 그 시
절, 리나는 발레극 〈돈키호테〉에 나오는 큐피트 연기로 전국 대
회에서 은상을 받았다.

'리나는 다음 시간까지 토슈즈를 준비하렴.'

몇 년이나 기다렸던 선생님의 한마디에 리나는 세상 전부를 손에 넣은 것 같았다. 날개가 돋친 듯한 걸음으로 기쁜 소식을 가지고 집으로 뛰어갔을 때, 집에는 양복을 입은 아저씨들이 잔뜩 몰려와 곳곳에 빨간색 압류 딱지를 붙이고 있었다.

얼마 후 리나의 집은 다른 지역으로 이사를 했다. 새로 이사 한 집은 화장실까지 다 합쳐도 이전 집의 거실보다 작았다.

'이렇게 멀리 이사 오면 발레 학원엔 어떻게 가?'

철없는 리나의 질문에 어머니는 말없이 눈물만 흘렸다. 작은 집으로 이사했다는 사실보다 리나를 가슴 아프게 한 건, 이제 는 발레를 할 수 없다는 절망감이었다. 그날 이후, 리나는 토슈 즈를 신고 춤을 추는 꿈을 더는 꾸지 않게 되었다.

다시 발레를 할 수 있으면 그걸로 행복할 줄 알았는데, 발레 를 할 수 있게 된 지금은 그 시절로 돌아가고 싶은 마음뿐이었 다. 이곳은 내가 있을 곳이 아닌데, 내가 있을 수 있는 곳은 이 곳밖에 없다.

"나도 고향이 너무 그리워."

리나는 두 손으로 얼굴을 감싼 채 조용히 흐느껴 울었다.

그렇게 한참을 울던 리나는 양손으로 눈물을 닦고 길게 심호흡을 했다.

"후… 잘 있어. 다음에 또 올게."

리나는 조각상을 한 번 쓰다듬고는 발걸음을 돌렸다. 그런데 그 순간, 리나가 만진 조각상 부분이 조금 하얗게 변했다.

"…?"

리나는 깜짝 놀라 혹시 손에 화장품이 묻었는지 확인했지만 아무것도 묻어 있지 않았다. 리나가 당황해서 하얀색 얼룩을 살피는 사이 얼룩은 점점 흐려지더니 본래의 검은색으로 돌아 갔다. 리나는 다시 한번 손으로 조각상을 만졌지만 좀 전과 같은 하얀색은 나타나지 않았다.

'조금 전과 지금, 무엇이 달라졌지?'

리나는 기억을 더듬어 가며 차이점을 찾았다.

'분명 아까 손으로 눈물을 닦고 조각상을… 눈물!'

리나는 눈물을 억지로 짜내려 했지만 아까 너무 오래 운 탓인지 나오지 않았다. 리나는 잠시 주위를 살핀 뒤 혀를 쏙 내밀어 손가락을 찍고, 그 손가락을 조각상에 가져다 댔다. 그러자 조각상은 다시금 하얗게 변했다가 물기가 마르면서 본래의 검은색으로 돌아갔다.

'심해에 사는 물고기… 심해는 바다… 바다는 물!'

리나는 근처 화장실로 뛰어가 교복 소매를 물에 흠뻑 적신

뒤 돌아왔다. 젖은 소매로 조각상을 문지르자, 마법처럼 선명한 하얀색 글씨가 서서히 나타났다.

Venus 301

오늘 분량은 이미 다 쏟았다고 생각했던 눈물이 다시 한번 솟구쳐 올랐다. 오늘은 너무 울어서 얼굴이 엉망이니까, 내일 아이들에게 이 사실을 자랑해야지. 그럼 내일은 이 학교에 와서 두 번째로 행복한 날이 될 거야.

기숙사로 뛰어가는 리나의 발걸음이 한없이 가벼웠다.

다음 날 점심시간, 리나는 아이들을 조각상 앞으로 모았다.

"따라다라다라다라라라란~"

리나는 발레극 〈라 바야데르〉에 나오는 하프 소리를 입으로 따라 하며, 우아한 자세로 물티슈를 뽑아 들고 조각상의 표면을 문질렀다. 그러자 어제와 마찬가지로 'Venus 301'이란 하얀색 글씨가 나타났다. 지켜보던 아이들은 탄성을 터트렸다.

"와, 이걸 어떻게 알았어?"

"심해도 바다니까 물 아니겠어?"

"대단하다!"

진심으로 감탄하는 아이들의 표정에 리나는 양손을 허리에 얹고 한껏 뽐내는 자세를 취해 보였다. 리나는 힐끗 나기의 반응을 확인했지만, 나기는 조각상에 바싹 붙어 어떻게 글자가 나타나는지 확인하고 있었다.

"지시약…은 아닌 것 같은데. 수분에 반응하는 페인트 같은 건가?"

나기의 반응에 '그럼 그렇지…' 하면서 살짝 실망하고 있는 리나에게 지오가 물었다.

"Venus 301이면… 금성관 3층이겠네. 혹시 가 봤어?"

"아니. 시간도 늦었고, 너희랑 같이 가 보려고 했지."

"그럼 지금 한번 가 볼까? 점심시간도 아직 남았는데."

다섯 사람은 곧 금성관 건물에 도착했다.

"301호면… 여긴가?"

지수는 301호 앞에 도착해 문을 두드렸지만 안에선 아무 소리도 들리지 않았다. 혹시나 하는 마음에 문 손잡이를 살짝 돌려 봤지만, 문은 디지털 도어 록으로 잠겨 있어 열리지 않았다.

"혹시 이 근처에 뭔가 힌트가 적혀 있는 건 아닐까?"

지오의 의견에 아이들은 점심시간이 끝날 때까지 주변을 살펴봤지만, 그 어디에도 새로운 힌트는 보이지 않았다.

비밀번호

　나기는 오후 수업 내내 열 번째 힌트에 대한 생각에 빠져 있었다. 열 번째 힌트에서 놓친 부분이 있는 건지, 아니면 열한 번째 힌트를 못 찾고 있는 건지 모른다는 게 제일 답답했다. 우선 나기는 열 번째 힌트에 집중하기로 했다.

　흑룡의 고향, 바다, 물. 정말 그렇게 단순한 문제였을까? 조각상에 물을 바른다는 발상 자체는 대단했지만, 지금까지 나왔던 문제들의 난이도를 보면 미심쩍은 부분이 적지 않았다.

　나기는 블랙드래곤피시의 서식지에 대해 생각하기 시작했다. 블랙드래곤피시가 사는 곳은 남반구 열대 해역의 심해다. 태양이 높게 내리쬐는 지역인만큼 바다의 표층은 제법 따듯할 것이다. 바람의 힘으로 바닷물이 섞이는 혼합층까지는 이 따듯한 수온이 유지되겠지만, 수온약층에 도달하면 수온은 빠르게 내려간다. 수심 200m부터는 식물이 광합성을 할 수 없을 정도로 햇빛이 약해지고, 블랙드래곤피시가 사는 수심 2000m에 도달하면 완전한 암흑이 펼쳐진다. 섭씨 3~4℃ 정도의 차가운 바다에서 반짝이는 빛은 먹이를 유인하는 포식자의 불빛뿐….

"알았다!!"

나기는 자리에서 벌떡 일어났다. 얼마나 급하게 일어났는지 의자가 뒤로 넘어져 큰 소리를 냈다.

"…"

칠판에 수학 문제를 쓰고 있던 하유아 선생이 얼떨떨한 얼굴로 나기를 쳐다봤다. 정신을 차린 나기는 뒤늦게 상황을 파악하고 칠판에 적힌 문제를 빠르게 암산했다.

"정답은 마이너스 1입니다!"

"…어, 그래. 그래도 다음 번엔 손을 들고 대답하렴."

"네, 죄송합니다."

나기가 주섬주섬 의자를 일으켜 앉자 와자지껄한 웃음소리가 교실을 채웠다.

그날 저녁, 나기는 매점에서 산 얼음이 든 컵과 조리실에서 얻은 소금, 과학실에서 빌려 온 암막 커튼을 들고 아이들과 함께 블랙드래곤피시 조각상을 찾았다.

"일단 가설은 세 가지야. 첫 번째로 암흑. 블랙드래곤피시가 사는 수심 2000m는 햇빛이 닿지 않는 곳이야. 그러니 주변의 불빛을 모두 가렸을 때 어떤 힌트가 보일지도 몰라. 두 번째로 온도. 수심 2000m 심해의 수온은 섭씨 3~4℃ 정도야. 물은 4℃일 때 가장 밀도가 높기 때문에 특수한 지형이나 해류의 영향을 받지 않으면 심해의 온도는 그 정도로 유지돼. 세 번째로 염분. 지중해와 홍해를 제외한 바다는 35‰(퍼밀)로 거의 일정한 염도를 가지고 있어. 일단 암흑부터 확인해 보자."

아이들은 암막 커튼을 넓게 펼쳐 들고 조각상을 조심스럽게 덮었다. 나기는 커텐 밑으로 기어 들어가 조각상을 유심히 살폈다. 눈이 어둠에 적응하자 형광색으로 희미하게 빛나는 세 글자가 보였다.

680

"찾았어! 680!"

"비밀번호라기엔 너무 짧은데? 두 번째 가설도 확인해 보자."

지오의 말에 나기는 컵에서 얼음 한 알을 집어 조각상 곳곳을 조심스럽게 문질렀다. 그러자 형광색 글자가 보였던 위치를 조금 지날 무렵부터 푸른색 글씨가 서서히 나타났다.

"만세!!"

아이들은 너나 할 것 없이 금성관 301호를 향해 달리기 시작했다.

곧 금성관 301호에 도착한 나기는 마른침을 꿀꺽 삼켰다.

"그… 그럼, 누른다?"

"응!"

아이들은 일제히 고개를 끄덕였다. 나기가 도어 록 커버를 올리고 번호를 누르기 시작했다. 긴장된 분위기 속에 '삑삑삑' 하는 전자음이 복도에 울려 퍼졌다. 나기가 마지막으로 샾 버튼을 누르자 '띠로리~' 하는 맑은 멜로디와 함께 잠금쇠가 풀리는 모터 소리가 들렸다.

아이들은 조심스럽게 문을 열고 안으로 들어갔다. 교실 절반 정도 되는 크기의 방엔 탁자 하나와 4인용 소파 하나, 에어컨, 그리고 대형 벽걸이 TV 하나가 걸려 있었다.

"여기 편지 같은 게 있는데?"

탁자 위에서 흰 봉투를 발견한 지수는 망설임 없이 안에 든 카드를 꺼내 들었다.

"TV를 켜시오? 그러지 뭐."

지수가 리모컨 버튼을 누르자 TV는 곧 USB에 저장된 영상을 재생하기 시작했다. 그러자 화면에 고깔모자를 쓴 천상천 교장이 나와 폭죽을 터트렸다.

"축하합니다! 이 학교에 숨겨진 첫 번째 비밀을 모두 풀었군요. 축하의 의미로 졸업 때까지 이 방을 자유롭게 쓰셔도 좋습니다. 여러분만의 아지트라고도 할 수 있겠죠. 하지만 이 학교에 숨겨진 비밀은 아직 남아 있습니다. 여러분은 그 모든 답을 찾을 수 있을까요? 그럼, 행운을 빕니다. 모두 안녕!"

그렇게 영상은 끝이 났다. 긴장감에 굳어 있던 아이들은 영상의 내용을 곰곰이 되짚어 보고는 모두 신이 나서 아지트 안을 뛰어다녔다. 지수는 소파에 몸을 던졌고, 금슬은 벽 끝에서 창가까지의 거리를 걸음 수로 가늠하며 소리쳤다.

"난 집에서 만화책 가지고 와야지!"

"난 냉장고 가지고 올 수 있어! 엄마가 조만간 바꿀 거라고 했거든!"

금슬과 지오는 저마다 행복한 고민을 시작했다.

'휘이이이익- 펑!'

잠시 후, 어디선가 날카로운 피리 소리와 함께 초저녁의 어스름한 하늘이 밝게 빛났다.

"어, 뭐지? 불꽃놀이?!"

창가에 서 있던 금슬이 커튼을 걷자, 곧 운동장 맞은편에서 발사된 불꽃놀이가 시야를 가득 채웠다.

'휘익- 펑! 퍼벙펑펑! 파파파파파파…'

형형색색의 불꽃이 터진 자리를 금색의 반짝임이 가득 채웠다. 불꽃놀이를 구경하기 위해 이곳저곳에서 아이들이 뛰어나오고 창문 밖으로도 고개를 내밀었지만, 이 아지트가 불꽃놀이를 보기에 최고의 명당 같았다.

"이거 우리가 비밀 푼 걸 축하하는 거 맞지?"

"응, 그런 것 같아."

지수의 말에 금슬이 고개를 끄덕였다.

"웬일로 그냥 맞다고 하냐?"

"아니라고 하기엔 타이밍이 너무 완벽하잖아."

금슬은 황홀한 표정으로 불꽃놀이를 보고 있었다. 불꽃 축제 같은 데서 볼 수 있는 대단한 규모의 불꽃은 아니었지만, 이 불꽃이 친구들과 자신을 위한 거라 생각하니 감회가 새로웠다.

감상에 빠져드는 건 리나도 마찬가지였다. 어제 느꼈던 우울함이 거짓말처럼 사라지는 하루였다. 나기는 황홀경에 빠져 있는 리나의 옆모습을 바라봤다. 창밖의 불꽃놀이가 리나의 까만 눈동자에 반사되는 모습은 마치 우주 속 은하 같았다. 잠시 후 나기의 시선을 느낀 리나가 고개를 돌리자, 나기는 황급히 창밖으로 고개를 돌렸다. 하지만 불꽃놀이는 이미 끝난 상태였다. 어색하게 딴청을 부리는 나기에게 리나가 웃으며 말했다.

"모두 네 덕분이야."

"아니야, 네 도움도 컸어."

"정말?"

"응. 무지개 때도, 불꽃 유령 때도, 이번 문제도… 네가 없었으면 몇 번이고 막혔을 거야."

"고마워, 그렇게 말해 줘서."

리나는 천천히 아지트를 둘러봤다. 뒤쪽 벽엔 금슬이 가져온 책장을 놓을 것이다. 냉장고 자리는 TV 옆이 좋겠지? 그럼 남은 복도 쪽 벽엔….

"난 요가 매트랑 발레 바 가지고 와야지!"

리나는 나기를 향해 싱긋 웃었다. 그 웃음은, 나기가 지금까지 본 리나의 웃음 중에서 가장 티 없이 맑은 웃음이었다.

폭풍 전야

며칠 후, 방학식이 시작되었다. 정해진 식순이 지나고 교장의 훈화가 이어졌다.

"한 학기 동안 모두 수고 많았습니다. 아직 1학년 여러분 밖에 없는 상황임에도 벌써부터 많은 학생이 다양한 분야에서 두각을 나타내고 있어서 무척이나 기쁩니다. 일례로 6월에 열린 수학 올림피아드 예선에서 4명이나 본선에 진출하는 쾌거를 이루었어요. 김문학, 백점만, 성공해, 이인자 학생은 잠시 단상 위로 올라와 주세요."

인자를 필두로 한 올림피아드 준비부 부원들은 의기양양한 모습으로 단상 위로 올라갔다.

"11월에 열릴 본선에서도 좋은 결과 있길 바라며, 열심히 노력한 올림피아드 준비부 학생들에게 힘찬 박수를 부탁드립니다."

쏟아지는 박수 속에 인자가 눈짓으로 신호를 보내자, 단상에
선 아이들은 자세를 가다듬고 일사불란하게 고개를 숙여 인사
했다. 아이들이 단상에서 내려간 뒤, 교장은 다시 이야기를 이
어갔다.

"여러분, 입학식 날 제가 이 학교엔 몇 가지 비밀이 숨어 있다
고 했던 말을 기억하나요? 얼마 전, 무지개가 끊어진 곳에서 시
작된 첫 번째 비밀을 푼 학생들이 나왔습니다. 권지오, 방리나,
주나기, 연금슬, 피지수 이상 5명은 단상 위로 올라와 주세요."

갑작스러운 호명에 나기 일행은 깜짝 놀랐지만, 곧 쭈뼛거리
는 걸음으로 한데 모여 단상 위로 올라갔다.

"놀라운 과학적 발견은 때로는 참 사소한 궁금증이나 관찰력
에서 시작되곤 합니다. 앞으로도 지금과 같은 호기심을 잃지
않길 바라는 의미에서, 이미 지급된 특별 보상과 별개로 작은
선물을 준비했습니다. 천하태평파크 자유이용권과 사파리 스페
셜투어 티켓입니다. 모두 큰 박수로 축하해 주세요."

쏟아지는 박수 속에서 교장이 티켓 봉투를 내밀자, 아이들은
서로 눈치를 보다가 나기의 등을 툭 떠밀었다. 갑자기 교장 앞
에 선 나기는 잠깐 당황했지만, 곧 고개를 숙여 인사하고 봉투
를 받아들었다. 나기가 다시 자리로 돌아오자 리나가 그의 손
을 잡아 하늘 높이 들어 올렸다. 나기는 깜짝 놀라 리나를 쳐

다봤지만, 그녀가 우아하게 반대 손을 학생들 방향으로 내미는 것을 보고 의도를 알아채고는 객석을 향해 발레 인사를 했다. 다섯 사람이 동시에 우아하게 고개를 숙이자, 학생들 사이에서 더 큰 박수가 터졌다.

의외의 광경에 교장이 어리둥절해 하자 사회를 보고 있던 백화란 선생이 다가가 귓속말을 했다. 그 말을 들은 교장은 크게 웃으며 박수를 쳤다.

"알고 보니 이 친구들이 모두 발레부 학생이었다는군요? 정말 놀랄 노자가 아닐 수 없네요. 앞으로도 발레부 학생들의 멋진 활약을 기대하겠습니다."

행복 100%의 헤벌쭉한 표정으로 단상에서 내려오는 나기를 보며, 인자는 2학기 때 나기와 무엇으로 승부를 가려야 할지 직감했다.

"모두 안전하고 즐거운 여름 방학 보내길 바라며, 4주 뒤에 활기찬 모습으로 다시 만나길 기대합니다. 이상!"

그렇게 과학특성화중학교의 파란만장한 1학기가 끝났다.

방학식 후, 기숙사는 짐을 챙겨 집으로 돌아가는 아이들로 시끌벅적했다. 인자의 룸메이트인 김문학도 집에 가져갈 참고서를 추리느라 바삐 움직이고 있었다. 반면 인자는 전혀 급한 기색 없이 침대에서 스마트폰을 하고 있었다.

"인자야, 넌 짐 안 챙겨?"

"어, 나는 학교에서 좀 해야 할 일이 있어서."

방학이라고 해도 모든 학생이 곧장 집에 가는 건 아니었다. 여름 방학을 이용해 합숙 행사를 기획하고 있는 특별활동부도 있었고, 드물지만 보충 수업을 받는 아이들도 있었다. 하지만 문학이 알기론 인자는 어느 쪽에도 속하지 않았다.

"그럼, 먼저 갈게?"

"어, 그래."

인자는 스마트폰에서 눈을 떼지 않은 채 손만 들어 문학을 배웅했다. 인자의 스마트폰엔 확대해 놓은 교내 항공 사진이 떠 있었다.

"시작은 여기구나."

인자는 항공 사진에서 무지개 산책로를 발견했다.

일주일 후, 인자는 퍼즐의 마지막 목적지에 도착했다.

"뭐야, 여긴?"

잠시 후, 인자는 TV에 녹화된 영상과 작은 칠판에 적힌 가구 배치 계획을 보고 이곳이 발레부 아지트임을 깨달았다.

"아하, 이게 특별 보상이었어? 이런 곳을 얻었으면 비밀번호부터 바꿔야지 멍청하긴…."

인자는 소파에 앉아 탁자에 발을 올리고는 잠시 동안 적막함을 즐겼다.

"뭐, 별거 없네."

인자는 곧 자리에서 일어나 칠판의 가구 배치표를 지우고 분필을 집어 들었다.

Joker enters the 2nd race.*

칠판 가득 쓴 글씨를 만족스럽게 보고 있던 인자는 들고 있던 분필을 손가락으로 튕겨 바닥에 버리고는 아지트를 떠났다.

- 2권에서 계속

---

* 조커가 두 번째 경주에 출전한다.

Joker enters the 2nd race